彩图 1　中华蜜蜂

彩图 2　意大利蜜蜂

彩图 3　意大利蜂蜂场

彩图 4　意大利蜜蜂蜂场生产蜂蜜

彩图 5　中华蜜蜂蜂场

彩图 6　交尾箱的摆放

彩图 7　塑料王笼

彩图 8　中华蜜蜂野生蜂群

彩图 9　收捕分蜂群

彩图 10　切割中蜂王台

彩图 11　电动吸浆机

彩图 12　王浆台

彩图 13　蜂花粉

彩图 14　蜂胶

彩图 15　蜂蜡

彩图 16　温室授粉的蜂群

蜜蜂饲养技术百问百答

杨冠煌◎编著

科学技术文献出版社
SCIENTIFIC AND TECHNICAL DOCUMENTATION PRESS
·北京·

图书在版编目(CIP)数据

蜜蜂饲养技术百问百答 / 杨冠煌编著. —北京：科学技术文献出版社，2017. 10

ISBN 978-7-5189-3299-3

Ⅰ. ①蜜…　Ⅱ. ①杨…　Ⅲ. ①蜜蜂饲养—饲养管理—问题解答　Ⅳ. ① S894-44

中国版本图书馆 CIP 数据核字（2017）第 220946 号

蜜蜂饲养技术百问百答

策划编辑：孙江莉 张丽艳 责任编辑：孙江莉 马新娟 责任校对：张吲哚 责任出版：张志平

出 版 者	科学技术文献出版社
地　　址	北京市复兴路15号　　邮编 100038
编 务 部	（010）58882938，58882087（传真）
发 行 部	（010）58882868，58882874（传真）
邮 购 部	（010）58882873
官方网址	www.stdp.com.cn
发 行 者	科学技术文献出版社发行　全国各地新华书店经销
印 刷 者	北京京师印务有限公司
版　　次	2017 年 10 月第 1 版　2017 年 10 月第 1 次印刷
开　　本	850 × 1168　1/32
字　　数	172千
印　　张	7.375　彩插4面
书　　号	ISBN 978-7-5189-3299-3
定　　价	19.80元

前　言

养蜂业是现代生态农业中的重要组成部分。蜜蜂不但生产蜂蜜、王浆、蜂胶、蜂花粉、蜂蜡等多种产品，而且是农作物授粉不可缺少的组成部分。

蜜蜂是社会性群居昆虫，个体离开群体后将无法生存。饲养蜜蜂就是饲养一个群体，要掌握群体的活动规律。同时，还要了解各种个体的活动方式及其在群体中的作用，与群体的依存关系。群体中有3种不同类型的个体，即蜂王、雄蜂和工蜂。各类个体只能在群体中才能生存。除蜂王外，其他个体寿命都很短，蜂群需要通过不断繁殖后代来补充新个体，才能维持群体的存在。饲养蜜蜂就是维持群体的存在，而维持群体的存在需要消耗许多食物。饲养蜂群的秘诀是根据外界蜜粉源植物的变化来控制群体的强弱变化。使个体从外界采集的饲料超过自身的消耗，群体才能生存和发展，饲养者才能获得利益。这就是不同于饲养家畜的技术难点。

为了使刚开始从事养蜂业人员更容易地掌握蜂群生物学知识和蜜蜂产品的生产技术，笔者以问答的形式编著了本书。一般而言，这种形式的书籍重点在传授科普知识方面的内容，实际操作方面较少，而本书将基础知识与生产操作技术结合在一起，使读者既能够了解养蜂业的基本知识，又可以掌握生产操作技术。

在普及知识和技术类书籍中，很少提及这些基本知识的来源和操作技术的创造者，而本书尽可能地注明了最初创造者，使读者了解到现在成熟的知识和技术经历了多少人的探索。

本书是笔者在多年养蜂操作实践经验的基础上，参考其他相关养蜂技术书籍编写而成的。

目　录

第 1 章　蜂群生物学

蜂群生物学是饲养蜜蜂的基础，只有认真学习和了解了蜂群的生物学规律，才能将蜜蜂饲养好。

1. 蜜蜂是什么动物?

蜜蜂在生物分类上，属于无脊椎动物类，节肢动物门，昆虫纲，膜翅目，蜜蜂总科，蜜蜂科蜜蜂属。每个物种经历长期进化，都会形成各自最高等级的种类，例如，植物进化至今的最高等级物种是异花传粉的显花植物，如各种瓜果类等；脊椎动物进化至今的最高等级的种类是灵长类动物，如猴、猿、人类；而无脊椎动物进化至今的最高等级的种类是蜜蜂属昆虫，因为它们具有其他昆虫种类没有的特性，如营群体生活、有复杂的信息系统、能调节群体温度、进行群体繁殖等。

蜜蜂属共有 7 种：东方蜜蜂（*Apis cerana* Fabricius，1793）、西方蜜蜂（*Apis mellifera* Linnaeus，1758）、小蜜蜂（*Apis florea* Fabricius，1787）、黑小蜜蜂（*Apis andreniformis* Smith，1858）、大蜜蜂（排蜂）（*Apis dorsata* Fabricius，1793）、黑大蜜蜂（岩蜂）（*Apis laboriosa* Smith，1871）和沙巴蜂（*Apis Koschevnikovi* Buttel-Reepen，1906）。除西方蜜蜂和沙巴蜂外，其他 5 种在我国都有分布区域。东方蜜蜂的定名亚种是中华蜜蜂，学名为 *Apis cerana cerana* Fabricius。分布在我国的东方蜜蜂统称为中华蜜蜂，简称中蜂（图 1-1a）。

我国目前人工饲养的意大利蜜蜂（以下简称意蜂，图 1-1b）、高加索蜂等，都属于蜜蜂属西方蜜蜂种，是20世纪初从国外引进的西方蜜蜂种的不同品种。

蜜蜂属虽有7个种，但目前被人类饲养的只有两个种，即西方蜜蜂和东方蜜蜂。其他5个种人工养殖均未成功，完全处于野生状态。

a 中华蜜蜂　　b 意大利蜜蜂

图1–1　中华蜜蜂及意大利蜜蜂

2. 什么是蜂群？

蜂群是蜜蜂属的种类的生物学单位，即蜜蜂属的种类不是以个体的形式存在于自然界中，而是以群体形态生存的。任何个体离开群体都无法生存。

蜂群内生活着3种类型的个体：蜂王、雄蜂、工蜂（图1–2）。

蜂群内只有一只蜂王专司产卵，几百只雄蜂专司与蜂王交尾，几千只至几万只工蜂承担蜂群内哺育幼虫、采集花蜜、守卫蜂巢、清理垃圾等各项工作。3种成员共同生活在六角形巢房组成的巢脾中。

蜂群与马群、羊群、鸭群等畜牧群体有本质区别。畜牧群体中的个体是独立生存的，随时能离开群体而单独生存。蜂群中的任何个体离开群体都无法生存。蜂群是不能分割的统一体，是特殊的生命单位。

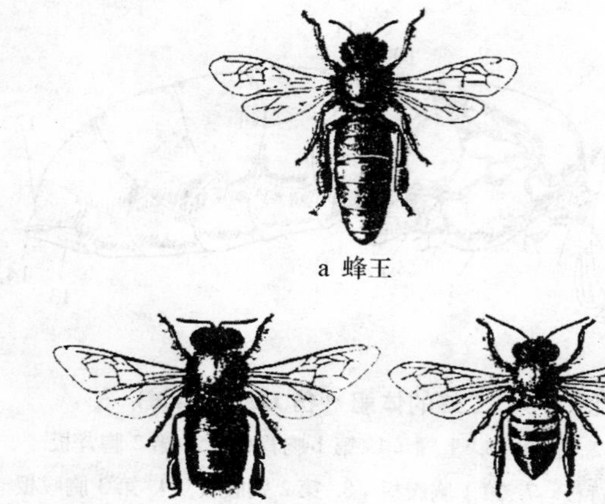

图 1–2　中华蜜蜂的蜂王、雄蜂、工蜂 3 种类型（梁锦英绘制）

3. 为什么蜂群是蜜蜂的生命单位？

生命单位就是物种生存的形式，如个体是哺乳动物猪、马、牛、羊等的生命单位。蜜蜂的个体无法在自然界中生存，只有群体才能生存，因此，蜂群就是蜜蜂物种的生命单位。蜂群的生命特征如下。

①维持稳定的温度：在繁殖期群内维持 34～35 ℃，越冬期 14～26 ℃。

②通过各种生物激素控制个体行为。

③通过群体的分裂来增加种群的数量。

④具有维护群体生存的防卫能力。

4. 蜂群内工蜂、蜂王、雄蜂如何区别？

工蜂：体躯分头、胸、腹 3 个部分（图 1–3）。胸部附有 2 对翅膀（图 1–4）。腹部尾部附有螫针。

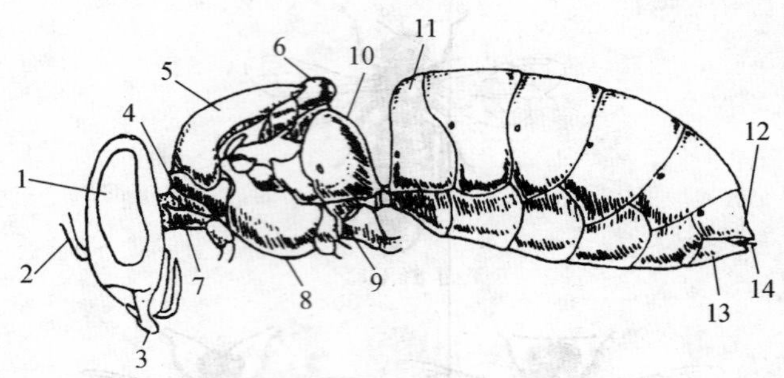

图 1–3 工蜂的体躯（仿 H. A. Dade）

1. 复眼 2. 触角 3. 上颚 4. 第 1 胸背板 5. 第 2 胸背板
6. 第 3 胸背板 7. 第 1 胸腹板 8. 第 2 胸腹板 9. 第 3 胸腹板
10. 第 1 腹背板 11. 第 2 腹背板 12. 第 7 腹背板 13. 第 7 腹腹板 14. 螯针

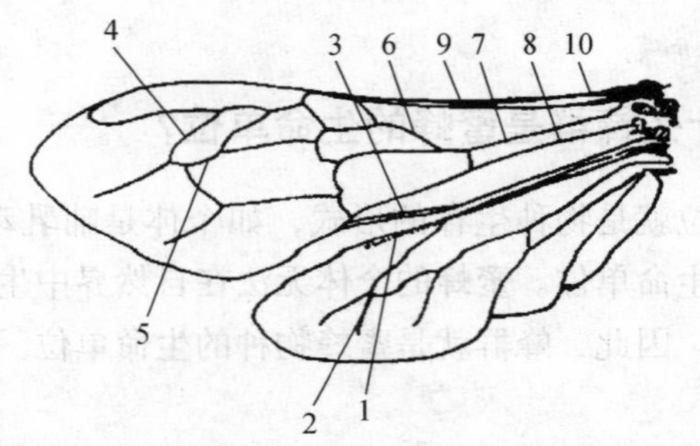

图 1–4 翅与翅脉（中华蜜蜂工蜂）（仿 H. A. Dade，作者改绘）

1. 后翅钩 2. 后翅中脉分叉 3. 前翅缘折 4. 外中横脉 5. 肘脉
6. 基脉 7. 中脉 8. 臀脉 9. 径脉 10. 前缘脉

蜂王：蜂王的外部形态与工蜂相似，只是体型大，腹部伸长。

雄蜂：雄蜂的外部形态与工蜂有较大区别，复眼变大，腹部变宽，没有螯针，体色变黑或者棕黑（图 1–2）。

5. 东方蜜蜂与西方蜜蜂在外形上有什么区别?

东方蜜蜂的外部形态与西方蜜蜂相似，但有两处明显不同：①工蜂上唇基有三角斑；②工蜂后翅中脉分叉。此外，东方蜜蜂体躯较短小，色泽偏灰黑色。

6. 工蜂、蜂王、雄蜂的发育历程是怎样的?

工蜂（雌性个体）：受精卵在六角形巢房里，经过卵期3~4天，幼虫期5~6天，封盖蛹期11~12天，共21~22天后出房为成蜂。

蜂王（雌性个体）：受精卵在特殊的王台中，幼虫期饲喂王浆，出房后就成为蜂王。正常蜂群只有在春季分蜂期培育蜂王，一般是5~10个王台。经过卵期3~4天，幼虫期5天，蛹期7~8天，共16~17天羽化成蜂王。蜂王的发育期比工蜂短约4天。

雄蜂（雄性个体）：由没有受精的单倍体卵发育而成。蜂王将未受精卵产在特殊建造的雄蜂房内，雄蜂房比工蜂房大，封盖后高出工蜂房。一般建造在巢脾的2个下角。经过卵期3~4天，幼虫期5~6天，蛹期14~15天，共23~24天羽化出房。雄蜂的发育期比工蜂长约2天。

7. 工蜂、蜂王、雄蜂在蜂群内是如何活动的?

工蜂出房后5~7天飞出巢门进行试飞和对蜂群位置进行识别。8天后开始清理巢房，饲喂幼虫。12天后开始泌蜡建造蜂巢。15天后走出巢门担任守卫巢门工作。21天后出外进行采蜜、采水、采集花粉等工作。工蜂出房后的工作顺序，不是固定不变的，而是依据蜂群内的需要随时变动。工作强度决定工蜂的寿命，流蜜期40~50天，一般繁殖期50~70天，越冬期120~150天。

蜂王羽化后3～4天出巢进行认巢试飞。7天后出巢进行婚飞。交尾成功后一直在蜂巢内产卵，只在分蜂期蜂王飞出巢门。蜂王的寿命3～4年，而能维持蜂群正常生产活动约2年。

雄蜂出房后4～5天出巢试飞。10天后进行婚飞。雄蜂认巢能力差，在同一蜂场内，它可进出任何蜂群，不受攻击。雄蜂与处女王交尾后即死亡。有越冬期的地区，在进入越冬期前工蜂会将雄蜂驱出蜂群外，让其冻死以减少越冬群的饲料消耗。

8. 工蜂、蜂王、雄蜂的分泌腺体及其功能分别是什么？

工蜂身上有5种腺体：头胸部有涎腺（又称唾液腺）、王浆腺；腹部有蜡腺、臭腺、毒腺。涎腺有2对：1对为胸涎腺，位于胸腔内；1对为头涎腺，位于头腔内。涎腺分泌转化酶，混入采集的花蜜中，使花蜜中的蔗糖转化为葡萄糖和果糖。王浆腺位于头腔，分泌王浆，用以饲喂蜂王、蜂王幼虫和工蜂小幼虫。蜡腺位于腹部第4～第7节腺板内面，外面是2个大而滑亮的卵圆形区，中间被一条窄的较深色的中带分开，这个卵圆形区称为蜡镜。蜂蜡从蜡镜中溢出，凝固后由足传到口部，用以建筑蜂房。臭腺位于第7腹节的背板内，外面小隆起，表面光滑，中间稍凹陷，臭腺产生气味招引其他工蜂和处女王回到蜂巢。毒腺位于螫针的基部，蜇刺时分泌的毒汁称蜂毒，以攻击入侵者。

蜂王没有王浆腺，其上颚腺分泌蜂王信息素，抑制工蜂卵巢发育。处女王交尾时其臭腺分泌雌性激素，以此来吸引雄蜂追逐交尾。

雄蜂没有王浆腺、蜡腺、臭腺、毒腺。其上颚腺分泌雄性激素，维持群体内部的稳定、平和。

9. 蜂群是如何繁殖的？

蜂群通过个体增殖和群体繁殖来实现种群繁衍。这种繁衍方

式在昆虫类中是独有的。所谓个体增殖，指的是蜂群内蜂王产卵繁殖后代，增加工蜂和雄蜂的数量，而增加的个体依然生活在同一群体，即同一蜂群中。群体由弱到强，相当于个体的幼年到成年。由于没有增加新蜂群，所以不是蜂群的繁殖，只是蜂群的扩大。

蜂群繁殖新群采用群体分蜂（裂）的方式实现：新群体的产生是由老蜂王带一半工蜂、雄蜂飞离老巢去建造新巢，称为分蜂。老蜂王把老巢留给新的处女王。老巢中有丰富的食物，众多工蜂，坚固的巢脾，处女王交尾（配）成功后只专职产卵，其他工作由留下的工蜂承担，这样新蜂群立即能强壮起来。老蜂王在新址建新巢，建好巢房后，如果老蜂王产卵能力下降，工蜂就建造 1 个单王台，这王台比春夏间分蜂时建造的王台大，培育出优良的处女王。处女王交尾成功后，与母亲共营蜂群，几个月后老蜂王死去，变为新蜂王群，这叫更替。

在社会性昆虫中，唯有蜜蜂属的种类通过群体的分蜂来繁殖新群体。具有同样营群体生活的昆虫，如蚂蚁类，它们是在初春产生有翅处女雌蚁和雄蚁，在一个晴朗的日子里，1 只处女雌蚁和 1 只雄蚁交配后，雄蚁死亡，这时新雌蚁必须从事采集食物到哺育幼虫、建筑巢穴的一切工作。待子代发育成虫后，才逐步形成营社会化生活的蚁群。雌性母蚁逐渐转成专职产卵的蚁王，必须经历几个月，在这段时间，新蚁王既要采集食物又要哺育后代，生存的概率比新蜂王小多了。蚂蚁群体虽然同样具有复杂的社会化生活，但必须回到单个雌性交配后繁衍后代的传统方式来增加新群体。这种繁殖方式比蜜蜂的群体繁殖方式原始和落后。

蜜蜂的繁殖方式在进化上比依靠单个雌性繁殖的方式更高一筹，是昆虫界中最“先进”的繁殖方式，也是节肢动物界中最“先进”的繁殖方式。

10. 什么叫作分蜂？

分蜂是蜂群繁殖的方式，即1个群体分成2个独立的群体。

分蜂多发生在春夏之交。在南亚热带地区，如广东、广西、云南、海南，秋季会发生二次分蜂。分蜂是蜂群的正常繁殖行为。

分蜂发生时，许多工蜂在巢门口飞舞，集体发出“嗡嗡”声。不久老蜂王爬出巢飞向天空，许多工蜂飞舞在它周围，不久在蜂场附近的矮树杈上结团，这称为分蜂团。分蜂团停留几小时后再散团起飞，远离蜂场另建新巢。

处女新王和约一半的工蜂留在原蜂巢。不久处女新王出巢交尾成功后，变成新蜂王开始产卵，蜂群又恢复正常生活。这样1个蜂群就繁衍成2个或更多个蜂群，实现物种繁衍的目的。

11. 什么叫作蜂群飞逃，飞逃与分蜂有什么区别？

飞逃多发生在缺乏蜜源的季节，如夏季、南方的晚秋。飞逃前蜂群没有新王台，幼虫也少。巢脾上没有多少储蜜。工蜂出勤少，蜂王腹部缩小，不再产卵。在一个晴朗的日子，工蜂、蜂王、雄蜂一同离巢而飞。在蜂场附近的树林中结团后，停留时间约1小时，再飞去远方。有时离巢后立刻飞向远方。留在原蜂箱内没有工蜂，没有王台，也没有存蜜，只有空空的几张巢脾。

飞逃是蜂群逃避不良环境的自救行为。蜂群飞逃主要是管理不善、环境恶劣等外界因素造成的。

12. 什么叫作更替？

在正常的蜂群中，蜂王受损伤或者衰老引起产卵量下降、外激素分泌量下降时，工蜂会在巢脾下建造1个大王台，让老蜂王在王台上产卵，培育出优良的处女蜂王。处女王出房交尾成功开

始产卵后，老蜂王依然在群内活动和产卵，形成母女同群现象。一段时间后，老蜂王死亡，新蜂王群成立。这种现象称为更替。更替时蜂群依然正常活动，不出现分蜂行为。

13. 蜂群受干扰后会有什么反应？

①当人或牲畜走到蜂群前面，守卫工蜂会立刻发起进攻，用螫针刺赶走对方。

②如果将蜂群内的巢脾提起，蜂巢内温度会立刻下降，时间过长将导致巢房内幼虫死亡或延迟发育。

③如果外群的工蜂要进入蜂群，守卫工蜂会立刻撕咬，打退入侵者。

④如果蜂王被外群工蜂咬死，则整群工蜂不再抵抗，任其出入。

⑤外群的雄蜂可以自由进出蜂群。

⑥如果巢门受强光照射，则外出工蜂无法寻找巢门进入群内。

⑦蜂群受到强电磁波干扰，会引起工蜂行为混乱、紧张，采集活动减少，回巢时飞错巢门。严重时导致全群飞逃。

⑧工蜂农药中毒后，两翅张开，吐出中唇舌，蜷缩在地上颤抖而死。

14. 蜂王是如何产卵的？

蜂王产卵一般从蜂巢中心开始，然后以螺旋顺序扩大，再依次扩展至邻近巢脾。在每一巢脾中，产卵范围常呈椭圆形，通称为“产卵圈”或“卵圈”。中央巢脾的卵圈最大，左右巢脾稍小。若以整巢的产卵区而论，则常呈一椭圆形球体。产卵圈的大小和产卵圈内的空巢房数量，可反映出蜂王的产卵能力。一般情况下，产卵圈大、卵圈内空巢房少，且子脾同一区域的卵虫蛹发育一致，表明蜂王产卵能力强。

蜂王产卵量与品种、亲代的产卵性能、个体生理特点、蜂群内部状况及环境条件等有密切的关系。同一蜂王产卵能力的变化，取决于其食物和营养的摄取。食料的供应，又取决于群势、蜜粉源及气候等条件。因此，处于不同群势、不同蜜粉源、不同季节的条件下，蜂王的产卵能力常随之变化，如在酷暑或严冬，或当食料缺乏时，蜂王常停止产卵。

蜂王除越冬外每天产卵，中蜂蜂王在春、夏季每日产卵500～1100粒，秋季300～800粒。意大利蜜蜂春、夏季每天产卵1000～1500粒，秋季600～1000粒。

处女王通常不产卵，但长期未交尾，20天后也会产卵，但产下的卵为未受精卵只发育成雄蜂。

15. 什么叫作蜂王信息素？

蜂王通过上颚腺分泌“蜂王信息素”，这种信息素由多种羟基酸组成，主要是9-酮基-(反)-2-癸烯酸。在巢脾上，随着蜂王的爬行，其周围总有10～15只工蜂形成的侍从圈，经常接触和喂饲蜂王，又从蜂王获得蜂王信息素。通过工蜂之间频繁传递食物，蜂王信息素在群体中迅速传递，使全群工蜂都感受到蜂王的存在。蜂王信息素能够抑制工蜂的卵巢发育和筑造王台的活动，从而保持群体的正常活动。如果失去蜂王，蜂群很快变得混乱，出外采集工蜂迅速减少。蜂王的产卵能力和分泌外激素能力，直接影响蜂群的繁殖和生产性能。正常蜂群只有1只蜂王，而这只蜂王在蜂群中的作用是其他成员不可替代的，所以蜂王对蜂群和养蜂生产都是非常重要的。

16. 蜂王衰老表现在哪些方面？

在自然条件下，蜂王的寿命可达数年，但在人工饲养条件

下，可以提前更换出现衰老的蜂王，以保持蜂群的生产能力。蜂王衰老的表现如下。

①子脾空房率高。年青的蜂王，子脾成片，空房少。1 年后的蜂王，子脾上出现空房而且日益增多。

②蜂王日产卵量减少，子脾圈缩小。

③蜂王周围的侍从蜂减少。

④蜂王产雄蜂卵增加，而且雄蜂卵常出现在子脾中间。

17. 蜂群失去蜂王后会出现什么状况？

蜂群失去蜂王后，蜂王信息素中断，30 分钟后一些工蜂就会出现惊慌表现，即无目的地急促爬动。一些工蜂会在巢外蜂箱周围飞舞寻找蜂王。12 小时后巢脾下出现急造王台。如果巢脾上有小幼虫，工蜂会将小幼虫房扩大成急造王台并培育新蜂王。如果培育新蜂王再受破坏，1 周后即出现工蜂产卵。工蜂产卵不整齐，在 1 个巢房内会有 2 ~ 3 个卵。工蜂产的是未受精的雄蜂卵，只能培育出雄蜂。如果不诱入产卵蜂王，工蜂产卵群 2 个月后即衰亡。

18. 雄蜂是如何进行交尾活动的？

雄蜂交尾最适宜的时期：意蜂为出房后第 12 ~ 第 27 天，中蜂为出房后第 10 ~ 第 25 天。移虫育王时必须考虑与雄蜂性成熟期相适应，以便能使处女王正常交尾。

雄蜂飞行距离一般不超过 3 公里①，飞行速度为 9. 2 ~ 16. 1 公里/小时。笔者在福州荔枝园中，用 3 ~ 4 米丝线一端缠绕在中蜂处女王细腰部，一端固定在气象气球上，当气球升上 25 ~ 30 米时可见几十个中蜂雄蜂呈彗星状追逐处女王。当处女王在飞行

① 1 公里 =1 千米，为方便读者阅读，本书采用“公里”作为计量单位。

中突然消失时，彗星状的雄蜂簇解散，但不久又会形成新的追王雄蜂簇。

意蜂雄蜂常在 14 时—16 时出巢飞行，中蜂稍迟 1 ~ 2 小时。雄蜂飞行时会发出响亮的“嗡嗡”声，很容易与工蜂区别。雄蜂出巢时间与处女王婚飞时间基本一致。雄蜂一生中，平均要做 25 次飞行，出巢飞行的雄蜂约有 96% 回巢。雄蜂每天出巢次数与天气状况有关：天气晴暖，一天 3 ~ 4 次，每次飞行后回巢饱食蜂蜜后再次出巢；在多云的天气里，每天出巢次数减少；气温低于 16 ℃时，雄蜂就不再出巢。一定区域内不同蜂场的性成熟雄蜂，常在某一固定的空域聚集，等待处女王，这一聚集雄蜂的区域称为雄蜂聚集区，但雄蜂聚集区形成的机制还不完全清楚。

19. 雄蜂是如何与处女王交尾的？

雄蜂具有发达的复眼、嗅觉器等感觉器官和强壮的双翅，以便在空中追逐处女王。雄蜂出房 10 天才开始进行婚飞，飞得最快又最强壮的雄蜂才有机会与处女王交尾，交尾时雄蜂伏在处女王背部，伸出尾部阳茎，插入处女王阴道，然后雄蜂反转到另一端，尾部阳茎插入阴道后不脱落，雄蜂与处女王双双落地，雄蜂挣扎后，将雄性生殖器官和贮精囊脱落留在处女王尾部，飞回蜂巢（图 1–5）。不久便死亡。若未因交尾死去，存活到秋末后，老雄蜂多数被驱逐出巢脾而死亡。

20. 蜂群内个体间如何传递信息？

蜂群内个体间互相传递信息有以下几种方式。

①气味：每个蜂群都有自己的气味，用来识别是本群还是外群的蜂王和工蜂。守卫蜂守卫巢门，根据气味识别，对气味不同的外群蜂进行驱逐或撕咬。

②声波：工蜂在正常工作时发出缓慢的低频率声波，受危害

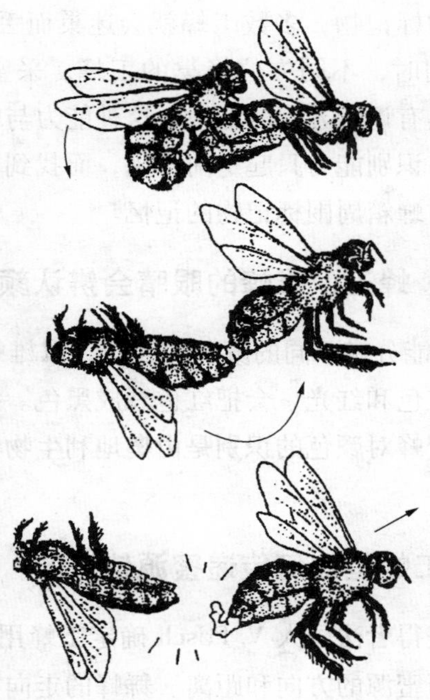

图 1–5　雄蜂在空中与处女王交尾（引自周冰峰）

时发出高频率的尖声。

③舞蹈：外出的侦察蜂发现蜜源和新巢址时，用圆形舞和“8”字形舞告诉其他工蜂并一起前往。

21. 工蜂、蜂王、雄蜂如何识别自己蜂箱的位置？

工蜂、蜂王、雄蜂是通过对蜂巢环境的识别来确定自己蜂箱位置的。当蜂群到新址后，工蜂出巢围绕蜂巢周围标记物，从近到远飞行 3 ~ 5 天后才能识别本群蜂箱的位置。如果到标记物少的地方，工蜂就会迷失回巢之路。我国每年到沙漠采沙棘蜜的蜂场，处于同向不同位置蜂场常发生部分蜂群甚至全部蜂群丢失现象。工蜂对蜂巢标记物的记忆时间大约为 4 天，如果 4 天内不重复飞行已识别的标记物，多数工蜂就会迷巢而丢失。在旷野中，当蜜源处在中间时，不同方位蜂巢的工蜂，采蜜后都能各自回巢，表明工蜂具有识别方向的能力，这种能力与蜂体存在轻微磁感应能力有关。识别能力只起定向作用，而找到本群蜂箱位置还需要依靠工蜂对蜂箱周围标记物的记忆。

22. 工蜂、蜂王、雄蜂的眼睛会辨认颜色吗?

3 种个体都能分辨不同的颜色和光线，以雄蜂最敏感。但它们都不能识别红色和红光，会把红色看成黑色。它们能识别偏振光和紫外光。蜜蜂对颜色的识别是由奥地利生物学家卡尔·冯·弗里希发现的。

23. 采集工蜂是如何传递蜜源信息的?

诺贝尔奖获得者法国人 V. Frisch 确定工蜂用摇摆“8”字形舞来告诉伙伴新蜜源的方向和距离。舞蜂的走向与垂直线角度表示新蜜源与太阳和蜂巢的角度，以此来指示其方向。用腹部摆动的快慢表明距离（图 1–6）。

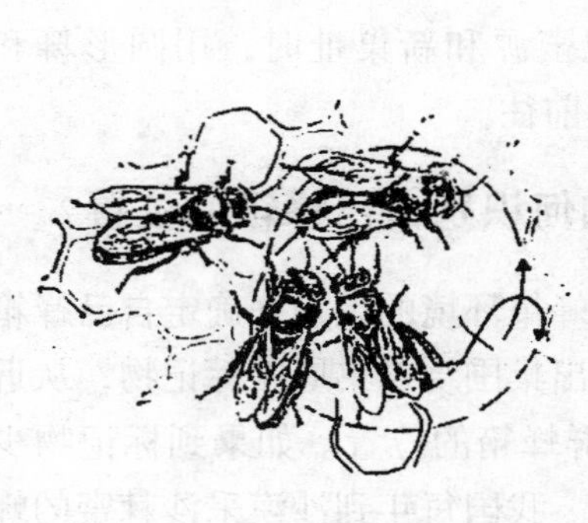

a 蜜蜂的圆舞

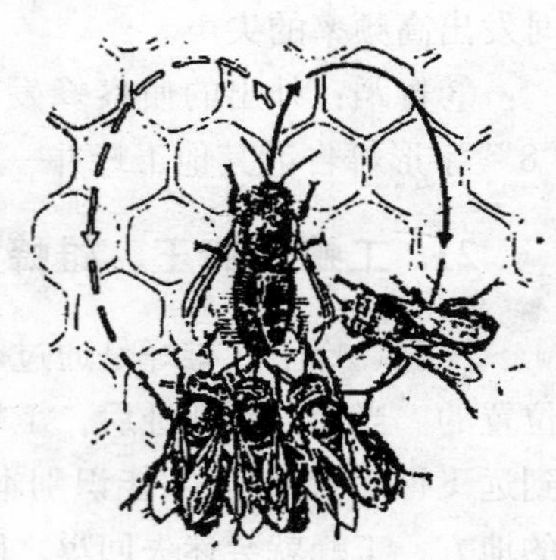

b 蜜蜂的摆尾舞

图 1–6 蜂舞（仿 V. Frisch）

以后人们又发现，在阴天工蜂依然可以用同样方式指示蜜源位置，才发现蜜蜂是用偏振光来悉知太阳的位置。但是这种定位是粗略的、不精确的。因此，先找到蜜源的采集工蜂，在跳舞之后，再将花蜜分予周围伙伴，使伙伴飞到一定距离后再用花香味来确定目标。由于太阳是移动的，而蜂巢位置与新蜜源的位置是固定的，采集工蜂能根据当时太阳位置来改变舞时行走的角度，告知新蜜源的方向。

24. 工蜂的采集范围有多大？

工蜂的有效采集半径：意蜂约2.5公里，中蜂1.5公里。但工蜂采集花蜜、花粉、水、树胶等，就近不就远，太远了会消耗蜜囊中的花蜜，回巢后能吐出的就不多了，且消耗体能缩短寿命。工蜂飞行高度一般都在200米以下。风力影响工蜂采集和雄蜂与处女王的交尾活动，因此蜂场不要置于风口上。

25. 蜂群个体发育适宜的温、湿度是多少？

蜂群内卵、幼虫、蛹的发育对温度要求很严格，必须保持在34～35 ℃。温度偏高或偏低都会给发育带来不利影响。偏高会造成蛹期缩短，从而出现羽化出的幼蜂残翅或残肢，甚至死亡；偏低会使蛹期延迟，甚至蛹不能发育而死亡。

蜜蜂对湿度的要求较低，育虫区相对湿度为35%～45%即可。

26. 工蜂是如何调节蜂巢温、湿度的？

蜂群巢脾的两面营造许多小巢房，这些巢房是供蜂王产卵、卵变成幼虫、幼虫到蛹再到成蜂的育儿室。卵的孵化、幼虫的成长、蛹的羽化都必须在34～35 ℃下才能完成。因此，巢内的哺育区需保持恒定的温度。同时，巢内的相对湿度不低于75%。

在非哺育区巢脾的温度也需要保持在 25 ℃以上。在冬天为了蜂群的生存，群内温度不能低于 14 ℃。在昆虫界中只有蜜蜂能够调控巢内温、湿度，其他昆虫都不具备这种高级生物性能。

蜂群是用什么方法来实现温、湿度调控的呢？当巢外气温在 30 ℃以下时，工蜂紧附在子脾上，通过食蜜后的抖动转化的热量，升高体温，使子脾温度达到 35 ℃上下。当外界气温高于 33 ℃时，工蜂散开子脾并扇动双翅，鼓风降温，外界气温越高，参加扇风的工蜂就越多。冬天当外界气温降到 10 ℃以下时，蜂群开始结团升温。

27. 工蜂一生要承担哪些工作？它的寿命有多长？

工蜂出房后到 18 日龄依日龄顺序承担巢内工作，如清扫巢房、饲喂幼虫和蜂王、酿造蜂蜜、泌蜡筑巢、调节巢温等。18 日龄后从事巢外工作，如采集花蜜、花粉、树胶、水等，以及守卫蜂巢和调节巢温等。工蜂的工作分工不是固定的，根据蜂群内需要和其身体发育程度而变化。

工蜂的寿命是不固定的，依据工作强弱而改变。采蜜季节工作强度大，其寿命为 40～60 天。越冬季节工作强度小，其寿命为 120～140 天。

28. 盗蜂是什么行为？

盗蜂是蜜蜂属特有的一种行为。同种不同群之间的工蜂，互相到对方群内去盗取蜂蜜，并搬回本群的行为叫盗蜂。野外蜜源丰富时不会出现盗蜂现象，而缺乏时则频繁出现。盗蜂常导致群势弱的蜂群死亡。在饲养管理上控制盗蜂是一项重要工作。

29. 蜂巢结构有什么特点？

蜂巢是由众多正六角形巢房组成的，每个巢房的 6 面房壁各

为周围相邻6个巢房的一个房壁。巢房底由3个菱形拼成120°的锥形角，3个菱形又各为巢脾另一面3个巢房的一个底面。这种结构结实、保温、耗费材料最少，而且巢房的容积最大。

30. 蜂群是如何越冬的？

冬季平均气温在0 ℃以下的地区，多数昆虫的成虫都死亡，大多以蛹或卵越冬。唯有蜂群以活动的成虫状态越冬。

当气温下降到7 ℃时，蜂群逐渐开始聚集成团。蜂团外缘表层形成厚度为25～75毫米不等的外壳，蜜蜂体壁和绒毛形成了蜂团的绝热体，减少蜂团热量散失。蜂王停止产卵，巢内无子脾，蜂团中心温度变化介于14～28 ℃，蜂团表面维持在6～8 ℃。当蜂团中心温度下降到14 ℃时，蜜蜂便集体加强代谢，耗蜜产热，使蜂团中心温度上升，达到24～28 ℃时，蜜蜂停止产热，并吸食蜂蜜。越冬蜂团外壳虽然紧密，内部却比较松散，并且蜂团的下部和上部厚度较薄，有利于空气在蜂团内部流通。

越冬蜂团的紧缩程度与外界气温有关，天气越冷，蜂团收缩得越紧。正常情况下，蜂团处于7 ℃的环境下，耗蜜最少。蜜蜂低温下结团的紧密程度还受光亮度的影响。在恒定低温的条件下，光线会使蜂团相对松散，而由于松散的蜂团散热较快，就需要消耗更多的能量来维持蜂团外表的温度。因此，越冬蜂团应避免受光线刺激。

蜂群在蜂箱中结团部位由巢门位置、外部温度和饲料位置等决定。巢门是新鲜空气的入口，所以蜂团多靠近巢门，强群比弱群更靠近巢门。室外蜂群的越冬蜂团一般靠近受阳光照射的一面。双群同箱饲养的蜂群，越冬蜂团出现在闸板两侧。蜜蜂最初结团常在蜂巢的中下部，随着饲料的消耗，蜂团逐渐向巢脾上方有贮蜜的地方移动。当巢脾上方的贮蜜消耗空后，就向邻近的蜜脾移动。蜂团移动时，会增加耗蜜量使蜂团外壳温度升高，一旦蜂团接触不到贮蜜，就会有饿死的危险。因此，应依据蜂团沿巢脾之间的蜂路移动的特点，使其始终与饲料接触的要求，布置越冬蜂巢。这就需要越冬的蜂群群势不能太弱，以5~7个脾越冬对蜂群最安全。

31. 蜂群是如何酿蜜的？

工蜂从花朵的蜜腺分泌物中采集花蜜，其主要成分为蔗糖，浓度为20%~35%。吸进蜜囊中带回蜂巢，并吐到巢房里。晚上再由内勤蜂从巢房中吸到蜜囊，并分泌淀粉酶分解花蜜中的蔗糖，同时吐出挂在下唇与吻之间，形成蜜珠以挥发水分。经内勤蜂3天以上重复酿造，水分降到20%以下，蔗糖含量在5%以下时，才酿成蜂蜜，在巢房中封盖贮存。从采回花蜜到酿成蜂蜜要经4~5天。因此，封盖是蜂蜜酿成的主要标记。通常有成熟蜜和未成熟蜜的称呼，这种区分是不科学的。只有封盖后才是蜂蜜，留在巢房中未封盖的甜液不能作为蜂蜜，只是从花蜜到蜂蜜的中间产物。蜂蜜是由果糖和葡萄糖组成的，立即可食的天然液体食品。

32. 蜂蜡是什么腺体分泌的？

蜂蜡是工蜂腹节的蜡腺分泌物，蜡腺附着在腹部的蜡镜内侧（图1–7）。蜡腺将糖类物质转化为蜡液，蜡液通过蜡镜分泌到体

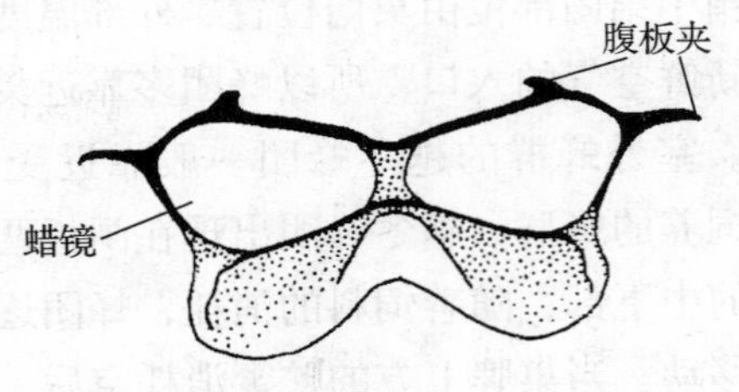

图1–7　蜡镜

外，遇冷凝固成小蜡片，再通过中、前肢送到口器。口器咀嚼后添加在巢房基上建造巢房。笔者观察到，工蜂在巢础上建造巢房是集体行为，而修补少量巢房是由少数工蜂利用储存在老巢房边的蜡粒去完成。蜂蜡是工业原料，不能食用。

33. 王浆是什么物质？

王浆是 7～13 日龄工蜂的王浆腺分泌的物质，用以饲喂王台上幼虫的主要食物。除蛋白质外，王浆还含有 4 种可溶性小肽，小肽能进入细胞提高细胞内微器官的功能，增加细胞活性，因此提高细胞的基础代谢水平。王浆中的重要组分 10–羧基–2–癸烯酸，经笔者在体外培养试验证实，对癌细胞具有毒杀和阻隔分裂作用。所以，王浆是立即可食的保健食品。

34. 工蜂为什么要采集花粉？

花粉是工蜂采集花朵时从花的雄蕊中收集的花粉粒，用唾液集成团，挂在后足的花粉篮中带回。工蜂携带回的花粉团中含水分高达 10% 以上，而且混合工蜂的唾液，贮存在工蜂巢房内。花粉是蜂群蛋白质食物，幼虫的成长、成蜂的活动都需要它。当野外花粉缺乏时，可以豆粉、酵母粉等蛋白质饲粉代替花粉饲喂蜂群。蜂花粉经干燥，使含水量在 3% 以下，即可储存作为保健食品。

35. 蜂胶是什么物质？

蜂胶是工蜂从植物的幼芽中采集的树脂，通过唾液混合后形成的黑色黏状物质。蜂胶的组分会因工蜂采集植物种类的不同而变化，各种蜂胶中都含有大量黄酮类物质，具有一定的保健作用。蜂胶在蜂巢中具有杀菌作用，可堵塞蜂巢缝隙起保温的作用。常温下，蜂胶是半固体状态，在蜂巢中与蜡瘤、赘蜡混在一起。蜂胶的颜色与采集的植物种类有关，多为黄褐色、棕褐色、灰褐色，有时带有青绿色，少数蜂胶色泽深，近黑色。在缺乏胶源的地区，蜜蜂常采集染料、沥青、矿物油等作为胶源的替代物。所以，如果采收蜂胶时，发现色泽特殊的应分别收存，经仔细化验鉴别后再使用。只有西方蜜蜂的饲养品种采集蜂胶，东方蜜蜂的饲养品种不采集蜂胶。从蜂群中采集的蜂胶经95%的食用酒精溶解再脱去酒精后，即可作为保健食品。

36. 蜂毒是什么物质?

蜂毒是工蜂在防御敌人时，尾部螫针分泌的毒汁，含有蜂毒多肽等10多种组分，是一种组分复杂的活性物质。在医学和分子生物学上，蜂毒有广泛的应用前景。生产蜂毒时，工蜂常会吐蜜、排粪而使其污染，因此，从采毒器中取的粗毒，必须精制后再结晶才能获得蜂毒产品。

工蜂因受弱电刺激而分泌蜂毒后，变得极易激怒，因此，在生产过程中应特别注意防护。

第 2 章　蜂具和蜂场设备

蜂具和蜂场是饲养蜜蜂必需的设备。饲养工具主要有蜂箱、巢框、巢础、分蜜机（又称摇蜜机）、面网、起刮刀、喷烟器等。养蜂用具在蜂业市场上都能购买到，只是在质量上有差异。蜂场必须有房间、隔离条件和消毒设备。

37. 蜂箱有哪些规格和种类?

人工饲养蜜蜂必须使用蜂箱，这是供蜂群栖息生存的场所。不同种类的蜜蜂，适用的规格也不同。饲养引进的西方蜜蜂的不同品种，如意大利蜂、卡尼阿兰蜂、高加索蜂等，用郎氏蜂箱，又称意蜂十框标准箱。它是目前国内外使用最为普遍的一种蜂箱（图 2-1）。另外，从十框标准箱演变出的有十二框箱（适合双王饲养）和十六框卧式箱（适合定地饲养）。

饲养中华蜜蜂采用中华蜜蜂十框标准箱、中一式箱、GN 式箱、多层式蜂桶、卧式蜂桶、立式蜂桶等（图 2-7 至图 2-10）。

38. 郎氏蜂箱的结构如何?

郎氏蜂箱又称意蜂十框标准箱，是目前国内外使用最为普遍的一种蜂箱（图 2-1）。

箱盖：又称大盖，犹如蜂箱的房顶。用 20 毫米厚的木板制作，内围长 516 毫米、宽 430 毫米。顶板上一般外覆白铁皮、铝皮或油毡，防雨保护箱盖。

副盖：又称内盖或子盖，是覆在箱身上口的内部盖板，犹如

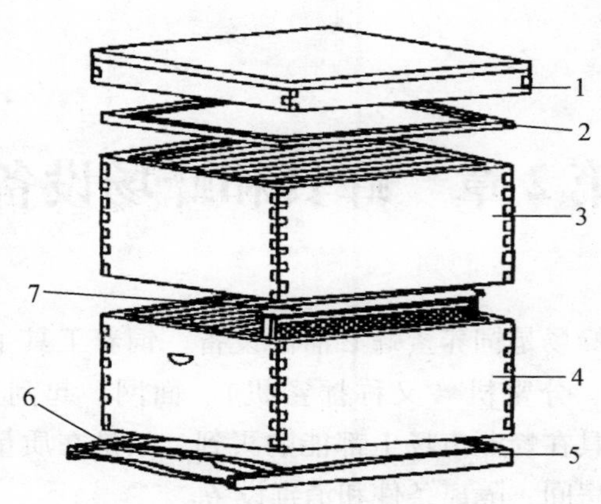

图 2–1　意大利蜜蜂十框标准蜂箱及各部分构造

1. 箱盖　2. 副盖　3. 继箱　4. 巢箱　5. 箱底　6. 巢门档　7. 巢框

房顶内部的天花板。副盖用 10 毫米厚的木板或铁纱框制成，四周有宽 20 毫米、10 毫米厚的边框。外围尺寸与巢箱的外围尺寸相同。纱盖框的副盖使用得很普遍，便于通风，它是用厚 20 毫米、宽 25 毫米的木条先制成框架，再在框架上覆以稀密度（16 ~ 18 目）铁纱。

巢箱与继箱：巢箱与继箱统称为箱体，其结构、尺寸一样，放在箱底上的叫巢箱，放在巢箱上的叫继箱。其内围尺寸长 465 毫米、宽 380 毫米、高 243 毫米。巢箱主要用于繁殖；继箱主要用于贮蜜，生产王浆、巢蜜等。

蜂箱四壁最好选用整板，若用拼接板必须制成榫口拼接，四壁箱角处采用鸠尾榫或直角榫连接。巢箱和继箱的板厚：前后板厚 2 厘米以上，左右板厚 1.5 厘米。目前，市场上出售的蜂箱，其箱板都太薄，多数箱前后板只有 1.5 厘米，左右板才 1.0 厘米。箱板薄了影响蜂群内部环境的稳定性，加大蜂群自我消耗，影响生产效益。蜂箱表面可涂刷白漆或桐油。箱体各部分都应表

面光滑，没有毛刺，避免饲养操作及运输过程中伤及手脚、衣物。制作箱体的材料一直都用木材，近年来采用泡沫塑料硬板制作箱体，其优点是保温、轻便、耐用，缺点是价格高，有一定毒性。

箱底：一般箱底与巢箱固定成一体，也有不固定的叫活动箱底，它的“Π”形外框的里面有沟槽，槽内嵌入箱底板，由于沟槽不在中央，底板嵌入后，一面高 22 毫米，另一面高 10 毫米。夏季气温高时，用 22 毫米的一面与巢箱配合，可扩大下蜂路；冬季气温较低时，用 10 毫米的一面与巢箱结合，可缩小下蜂路。箱底与巢箱配合后，底板均在巢门口前面伸出 80 毫米的巢门踏板，用于蜜蜂进出时起落，也便于安装巢门饲喂器和巢门式花粉截留器等。

巢门档：巢箱与箱底配合后，可以用巢门档调节蜜蜂出入口的大小。固定箱底一般用复式巢门档。木条上开有 2 个大小不同的凹槽，槽内有活动小板条。在繁殖和采蜜季节，蜜蜂出入量大，可以用整个巢门档来调节。其他季节靠两小板条来调节。

39. 巢框的结构是怎样的?

巢框是木制的框架，上边称上梁，下边称下梁，两边称侧条（图 2–2）。巢框能固定巢础，供蜜蜂修筑而成巢脾。框架必须坚固，因一框巢脾贮满蜂蜜时可重达 2.5 ~ 3 公斤①，运输时巢脾还要经受摆动与跳动。

巢框是蜂箱构件中的核心部件，制作巢框时，尺寸必须按图纸规格严格要求，否则巢框在各蜂箱之间不能互换，将会给饲养管理、其他蜂具应用等方面带来极大的麻烦。

上梁的两端是框耳，将框耳架在蜂箱的铁引条上，可使巢框

---

① 1 公斤 =1 千克，为方便读者阅读，本书采用“公斤”作为计量单位。

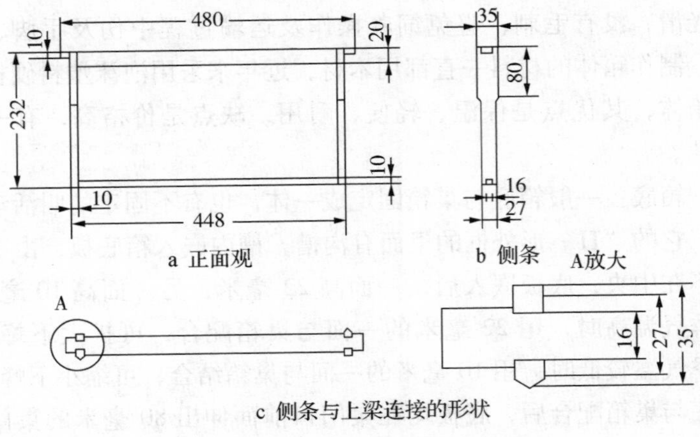

图 2–2 巢框（单位：毫米）

悬挂在蜂箱中，框的上下、前后、左右都有合适的蜂路。在上述的巢箱、继箱内，都可放置 10 个巢框，十框蜂箱也由此而得名。十框蜂箱的巢框内围尺寸长 428 毫米、高 202 毫米。按正反两面每平方分米含有 857 个工蜂房计，1 个巢框就可提供约 7000 个工蜂巢房。每个巢箱含 10 个巢框，约有 7 万个巢房供蜂王产卵，蜂群贮存蜂蜜、花粉等。

带蜂路的巢框是两侧条与上梁连接的突出部分一边为尖角，另一边为平角。平时保持框间蜂路，运输时巢框之间要排紧，侧条间的尖角与平角相互顶住，使巢脾间减少碰撞，保护巢脾与蜜蜂。

不带蜂路的巢框，其两侧条上下一样宽，侧条与上梁连接处不突出，而是用突出的薄铁皮（或塑料制品）固定连接处，这铁皮称为巢框距离夹，它既保持框间蜂路，又使巢框坚固耐用。每一侧条的正中线有 3 ~ 4 个小孔，沿巢框长度方向穿入 24 ~ 26 号铅丝，巢础借铅丝固定于巢框之中。

40. 摇蜜机的类型有哪些？

摇蜜机是蜂场主要设备，摇蜜机有 2 种类型（图 2–3）。

①手动摇蜜机：手动二框摇蜜机，携带方便，容易操作，为小型蜂场和转地放蜂使用。

②电动摇蜜机：为大型摇蜜机，每次摇 10 脾以上，使用电动旋转，供大型蜂场使用。

a 手动二框摇蜜机

b 二十四框电动摇蜜机

图 2–3 摇蜜机（作者摄）

41. 吸浆机的结构是怎样的？

吸浆机由吸管、盛浆瓶和电动抽气机组成。吸管是用来从王台里吸取王浆的。通过真空吸管将王台吸到盛浆瓶中。吸浆机需要抽真空电动装置，不宜长途转地使用（图 5–12）。

42. 面网、防蜂服如何使用？

面网又称面罩。在接触蜂群或管理蜂群时，套在头、面部，可防护人体的头、面、颈部免遭蜜蜂的针蜇。我国目前使用的面网一般是白色棉网纱或尼龙网纱，在前脸部分配上一块黑色丝质的网纱，这种面网称为圆形不带帽面网。为了防蜂蜇，可穿防蜂服。防蜂服不透气，夏天不宜使用（图2-4）。

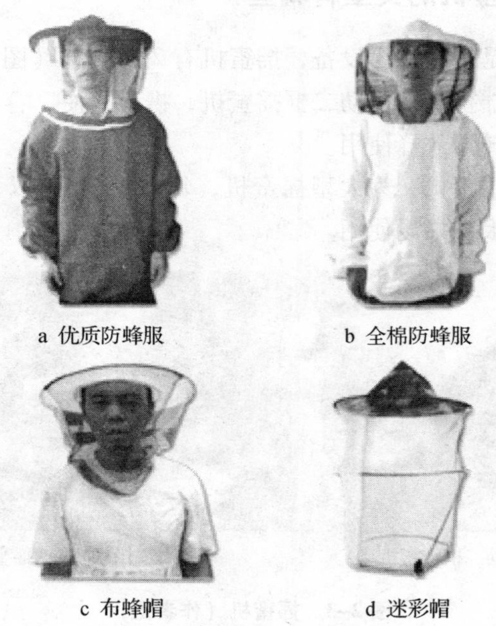

a 优质防蜂服　　b 全棉防蜂服

c 布蜂帽　　d 迷彩帽

图2-4　面网与防蜂服

43. 起刮刀、蜂刷的结构是怎样的？如何使用？

起刮刀是管理蜂群时经常使用的一种小工具。一般长约200毫米，一头宽35毫米，另一头宽40毫米，中间宽25毫米，中间厚5毫米。由于工蜂喜欢用蜂胶或蜂蜡粘连巢箱、巢框的隙缝，在检查蜂群、管理蜂群、提脾取蜜等操作时，必须使用起刮刀来撬开被黏固的副盖、继箱、隔王板和巢脾等。此外，起刮刀还可用来刮除蜂胶、蜂蜡，清除污物，以及钉小钉子、撬铁钉、塞起木框卡等，用途非常广泛（图2-5）。

蜂刷又称蜂帚，是用来刷除附着在巢脾、育王框、箱体及其

他蜂具上的蜜蜂的工具。刷柄用不变形的硬木制作，嵌毛部分长 210 毫米，刷毛长 65 毫米。使用时要不时地用水洗涤刷毛。

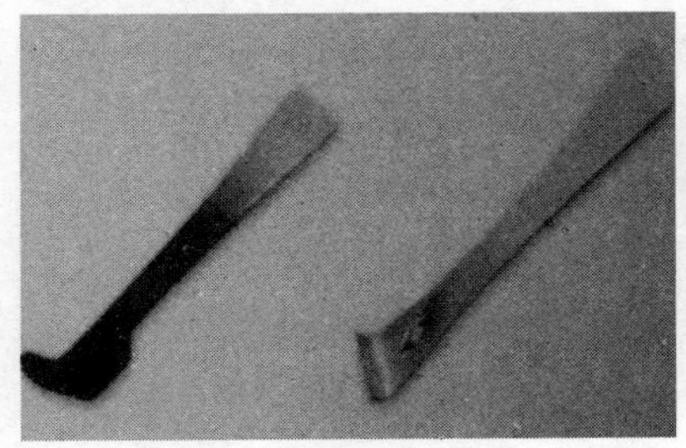
a 起刮刀

b 蜂刷

图 2–5 起刮刀与蜂刷

44. 喷烟器、埋线器的结构是怎样的？如何使用？

喷烟器：又称熏烟器。工蜂遇到烟雾会进入警戒状态而安静下来。人们利用这一特性而制成能喷发烟雾的装置。它是驯服蜜蜂的最好工具（用于西方蜜蜂）。在检查蜂群、采收蜂蜜、合并蜂群时，向蜂群喷些烟雾让蜜蜂安静下来，便于操作。全器分为发烟筒与风箱两部分。使用时将燃料放置炉栅上，在燃烧室燃烧，从风箱部分向燃烧室底部输送空气，烟雾即从喷烟嘴喷出。

埋线器：安装巢础时，将框线压入巢础内最常用的工具是滚轮埋线器。它由齿轮、叉状柄与手柄三部分组成。使用前将齿轮加热，埋线时将齿轮顶部中央的小凹沟对准框线向前滚动齿轮，用力须得当，以防止穿线压断巢础，或浮离在巢础表面（图 2–6）。

还有一种电热埋线器，用一只功率为 100 W 的变压器，将 220 V 交流电降至 12 ~ 24 V，输出端的两极由导线与单柱插头引出。使用时将通电后的 2 个单柱插头分别点在巢框穿线的两端，靠穿线通电后的发热熔蜡，将 4 根穿线同时埋入巢础内。

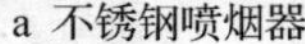

a 不锈钢喷烟器

b 滚轮埋线器

图 2–6　喷烟器与埋线器

45. 养蜂专用生产用具有哪些?

除以上几种主要用具外，还有特殊使用的专门生产用具，如王笼、储王笼、隔王板、采毒器、移虫针、取胶器等。这些用具在下文各种产品生产技术中分别介绍。

46. 中蜂十框标准蜂箱的结构及尺寸是怎样的?

中蜂十框标准蜂箱比意蜂箱小，巢框内径如下：中蜂标准箱400 毫米 × 220 毫米，巢框面积 880 平方厘米（图 2–7、图 2–8）。虽然中蜂标准箱的巢框面积与意蜂箱接近，但中蜂的巢脾沿与底条不连，相距有 10 厘米，因此巢房总面积小于意蜂箱。经多年的应用证明，使用中蜂十框标准蜂箱繁殖，采用浅继箱取蜜，在我国中、西、北部效果较好，华南一带较差。

若使用中蜂标准箱养中蜂，则不能使用意蜂摇蜜机。因为中蜂蜂箱的巢框高，放进意蜂摇蜜机后，巢脾凸出框笼，不能旋转。需与生产厂家另订造。

由于市场上各种配套工具都是按意蜂标准箱设计的，使用中蜂标准箱后会因缺乏配套工具而带来各种困难，迫使中蜂饲养户

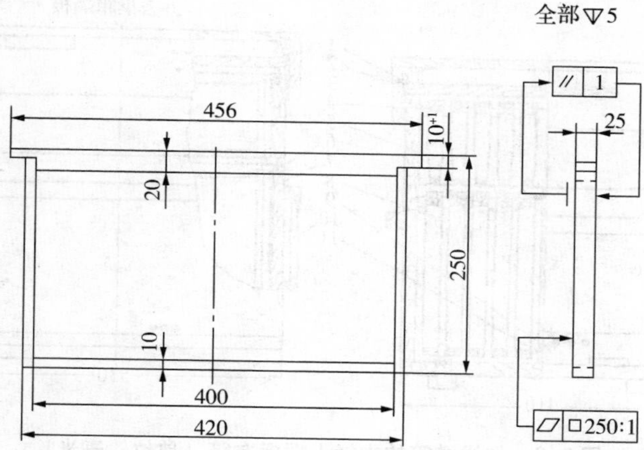

a 巢框

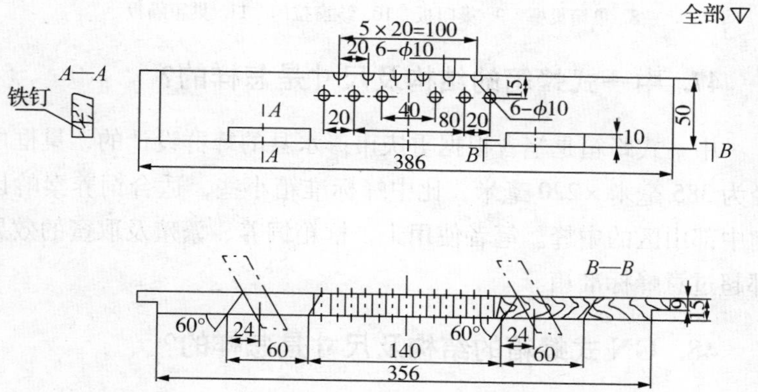

b 巢门档板

图 2-7　巢框及巢门档板结构及尺寸（单位：毫米）

也改用意蜂箱饲养中蜂。意蜂箱养中蜂保温效果差，不利于取封盖蜜。

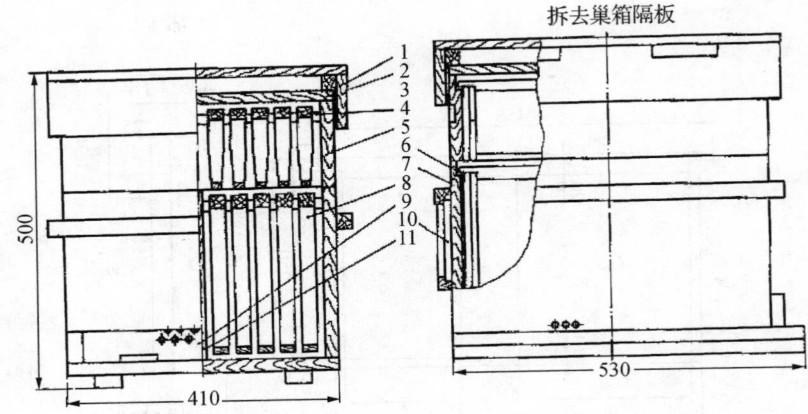

图 2–8　加浅继箱的中蜂十框标准箱（单位：毫米）

1. 箱盖　2. 副盖　3. 纱盖　4. 浅继箱巢框　5. 浅继箱　6. 铁压条　7. 巢箱　8. 巢箱巢框　9. 巢门板　10. 纱窗拉门　11. 巢箱隔板

47. 中一式蜂箱的结构及尺寸是怎样的?

中一式蜂箱是笔者根据重庆市彭水县的蜂群设计的，巢框内径为 385 毫米 ×220 毫米，比中蜂标准箱小些，适合饲养秦岭以南中部山区的中蜂。笔者使用十二框箱饲养、繁殖及取蜜的效果都超过意蜂标准箱。

48. GN 式蜂箱的结构及尺寸是怎样的?

GN 式蜂箱是一种小型蜂箱。其巢箱的巢框内径为 290 毫米 ×133 毫米。由巢箱和 1 个继箱组成，巢箱与继箱用联接套相连（图 2–9）。GN 式蜂箱适合于华南各地使用。

49. 传统饲养中蜂的蜂桶有哪些类型?

（1）直立式单桶

蜂群饲养在倒立的桶中，巢脾固定在桶底和桶底围板上。桶

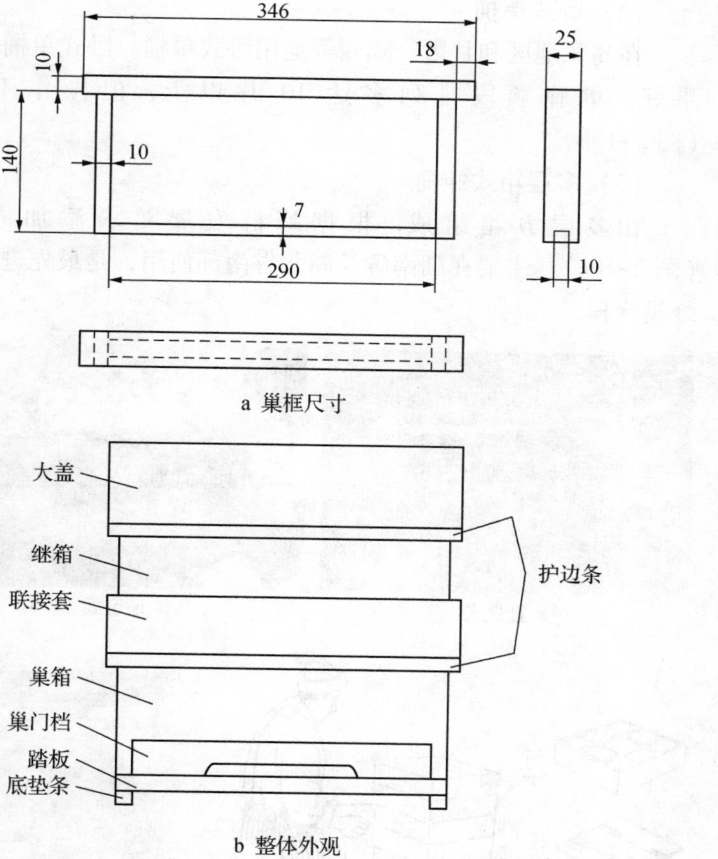

a 巢框尺寸

b 整体外观

图 2-9　GN 式蜂箱正面结构（单位：毫米）（引自龚凫羌、宁守容）

口扣在石板上，刻出 3 ~ 5 个凹口作为巢门供工蜂出外活动（图 2-10a）。主要在我国中、东部使用。

现在许多中蜂饲养者采用多层式桶养中蜂，即将圆桶分 2 层，下层为固定巢脾，上层为浅继箱框存蜜，生产中蜂巢蜜的效果也很好。

（2）卧式单桶

在高寒地区和甘肃、陕西等地用卧式单桶。卧式单桶保温效果好，巢脾顺段排列多达 10 片以上，但操作不方便（图 2-10b）。

（3）多层箱式蜂桶

由多层方箱组成，根据蜂群发展要求添加方箱数（图 2-10c）。主要在湖南省及湖北省南部使用，是最先进的固定蜂巢蜂桶。

a 直立式　　　　b 卧式

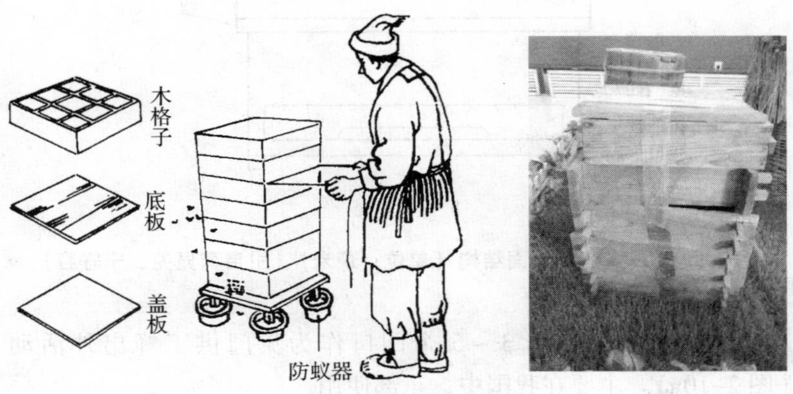

c 多层箱式示意图及实体

图 2-10　传统饲养中蜂蜂桶类型（作者摄）

50. 蜂场有哪些主要设备?

①厂房设备：工具间，生产间，储藏产品间，休息间。

②汽车：备有客货两用车，2～3 辆。

③生活住房：住房不设在厂房内，距离厂房至少 50 米。

④水电：安装自来水设备，不用井水及河水。

⑤购买变压器，将高压电转换成家庭用电。

51. 蜂场是否需要购买蜂蜜浓缩设备?

蜂场不需要购买蜂蜜浓缩设备。因为浓缩设备破坏蜂蜜的有机物质，使其变成糖浆。只有做到取封盖蜜，才能符合国家有关标准。如果在巢脾上有部分未封盖蜜，可将巢脾斜挂在架上，用约 40 ℃的热风吹 48 小时后，即可将蜂蜜浓度提高到 40% 以上。

52. 厂房内如发现老鼠及其他昆虫应如何处理?

老鼠及其他昆虫会严重污染各种蜂产品，绝不允许它们在厂房内存在。首先，要找出老鼠及其他昆虫的来源，堵塞进洞。其次，立刻用有关药物将其毒死。对外的门窗，除玻璃窗外，必须安装细纱窗。

工作人员进入蜂场的生产间操作时必须换上清洁的白色大褂，工作完后要清洗白大褂。

蜂场内不得使用消毒液、洗涤剂、肥皂、肥皂溶剂及其他有毒溶剂，以及有气味物品。只能使用清洁水洗涤。

第3章　意大利蜜蜂饲养技术

所有引进的西方蜜蜂品种，都采用意大利蜜蜂饲养技术。

53. 办蜂场需要什么条件?

蜂场周围必须有主要蜜源植物及辅助蜜源植物。理想的场地应有2个主要蜜源，用来生产商品蜜。较丰富的辅助蜜粉源有利于蜂群繁殖。“我养蜂，取蜜靠外地”的说法是错误的。蜜源是生产资源，归产地所有。因此，利用别人的资源是要付出代价的。

若同一地方已有养蜂场，就不要发展养蜂了。应根据蜜源条件，评估可容纳蜂群数。蜜蜂是依靠山林的蜜源植物生存的，不像猪、鸡依靠人提供的饲料生存。因此，要了解周围蜜源情况和同一蜜源区已有多少蜂群后，再确定是否办蜂场。在同一村里，不能户户都来养蜂，只能有几户办场，才能取得经济效益。

一个村里的饲养业要错开，如你养蜂，我就养猪、养牛等，各有特色。

54. 如何选择蜂场场址?

蜂场应安置在离住宅20米以外的坡地上，场地大小以半亩（1亩=666.67平方米）地为宜。四周用篱笆围上，以防家禽、家畜和儿童进入。北方不少农户为了防偷盗，将蜂场放在住宅的庭院内，称庭院蜂场。庭院蜂场内，蜜蜂的活动影响住户活动，住户的活动也影响蜂群活动。所以，庭院是一种不合适的场址。

蜂场场址应距离铁路、公路、河道、高压电网至少 500 米。

55. 怎样购买蜂群?

①应在春季购买蜂群。春季购买的蜂群立即进入繁殖期，较容易饲养，而且隐藏在蜂群中的各种病症容易被发现。秋末虽然容易购买到蜂群，价格也便宜，但长江以北的冬季，蜂群死亡率很高，而且需饲喂很多越冬饲料，实际上加大了购买成本。

②以购买 15～20 群为宜，从购买的蜂群中选种育王再发展，其后代就会越养越好。

56. 转地放蜂到新场地时，应如何选择放蜂地址?

选择放蜂地址应注意以下几点。

①离公路必须 50 米以上。因为汽车行驶的声音，夜晚行车的灯光对人和蜂都有影响。

②离高压电网 100 米以上。因为高压电网发出电磁波干扰工蜂识别方向，找不到原蜂群。

③离河流、小溪至少 50 米远的高坡上，以免突然暴发山洪淹没蜂场。

④蜂场离村庄 200 米左右为宜，以便于养蜂员生活，又不受当地村民干扰。

57. 蜂箱要涂颜色吗?

为了减少工蜂迷巢而产生偏集，每个蜂箱的箱体应涂上不同颜色，主要是黄、绿、白 3 种颜色，红色不能使用。或者同一颜色不同形状的相嵌，以便回巢工蜂认识本群的巢门。

也可以不改变箱体颜色，只在巢门上方贴不同颜色的形状，以便于本群工蜂识别。

我国不重视蜂箱颜色对蜂群活动的影响，而欧洲养蜂者很重视。

58. 蜂箱应如何摆放？

蜂群的位置体现在蜂箱的排列上，以 2 个蜂箱间隔 30 ~ 50 厘米、前后排相隔 1 米为宜（图 3–1）。但在场地狭小的情况下，两箱之间可靠近一些，呈一列摆放。在放蜂场地也可以互相围成圆形，巢门向外或向里，但这种排列方式，容易导致工蜂发生偏集，不宜长期采用。如出现偏集应及时调整。

图 3–1　意大利蜂场蜂箱的摆放

59. 箱外如何观察到箱内情况？

蜂群的内部状况在一定程度上能够从巢门前的一些现象反映出来。因此，通过箱外观察工蜂的活动和巢门前蜂尸的状况，就能大致推断蜂群内部的情况。这种了解蜂群的方法随时都可以进行。尤其是在特殊的环境条件下，蜂群不宜开箱检查时，箱外观察更为重要。

（1）采蜜情况

全场的蜂群普遍出现外勤工蜂进出巢繁忙、巢门口拥挤、归

巢的工蜂腹部饱满沉重、夜晚扇风声较大的情况，说明外界蜜源丰富，蜂群采蜜、酿蜜积极。蜜蜂出勤少，巢门口的守卫蜂警觉性强，常有几只蜜蜂在蜂箱的周围或巢门口附近窥探以伺机进入蜂箱，这说明外界蜜源稀少，已出现盗蜂现象。在流蜜期，如果外勤蜂采集时间突然提早或延迟，说明天气将要变化。

（2）蜂王状况

在外界有蜜粉源的晴暖天气，如果工蜂采集积极，归巢携带大量的花粉，说明该群蜂王健在，且产卵力强。如果蜂群出巢怠慢，无花粉带回，有的工蜂在巢门前乱爬或振翅，有失王的可能。

（3）自然分蜂的征兆

在春夏之交，有个别强群很少有工蜂进出巢，却有很多任务蜂拥挤在巢门前形成“蜂胡子”，此现象多为分蜂的征兆。如果大量蜜蜂涌出巢门，则说明分蜂活动已经开始。

（4）群势的强弱

当天气、蜜粉源条件都比较好时，有许多工蜂同时出入，傍晚大量的工蜂拥簇在巢门踏板或蜂箱前壁，说明蜂群强盛；反之，在相同的情况下，进出巢的工蜂比较少的蜂群，群势就相对弱一些。

（5）巢内拥挤闷热

在繁殖季节，许多工蜂在巢门口扇风，傍晚部分工蜂不愿进巢，而在巢门周围聚集，这种现象说明巢内拥挤闷热。

（6）发生盗蜂

当外界蜜源稀少时，有少量工蜂在蜂箱四周飞绕，伺机寻找进入蜂箱的缝隙，表明蜂场已有盗蜂发生。个别蜂箱的巢门前秩序混乱，工蜂抱团厮杀，表明盗蜂已开始进攻被盗群。如果巢前的工蜂进出巢突然活跃起来，进巢的工蜂腹部小，而出巢的工蜂腹部大，这些现象都说明发生了盗蜂。

（7）农药中毒

工蜂在蜂场激怒狂飞，性情凶暴，并追蜇人、畜，头胸部绒毛较多的壮年工蜂在地上翻滚抽搐，尤其是携带花粉的工蜂在巢前挣扎，此现象为农药中毒。

（8）蜂螨危害严重

巢前不断地发现一些体格弱小、翅残缺的幼蜂爬出巢门，不能飞，在地上乱爬，此现象说明蜂螨危害严重。

（9）蜂群患下痢病

巢门前有体色特别深暗、腹部膨大、飞行困难、行动迟缓的蜜蜂，并在蜂箱周围有大量稀薄的蜜蜂粪便，这是蜂群患下痢病的症状。

（10）蜂群缺盐

见到工蜂在厕所小便池采集，则说明蜂群缺盐。工蜂在蜂场附近活动的人头发和皮肤上啃咬汗渍，说明蜂群缺盐严重。

60. 如何检查蜂群？

开箱检查是饲养蜜蜂经常性的工作，检查蜂群应使用正确的提脾方法（图3-2）。

检查时应坐在蜂箱一侧，如果脾不满箱，即坐在有空间的一侧。提脾不要太高，下沿离箱内巢脾不得高于20厘米。脾提得过高，子脾容易受风寒，蜂群容易跑失蜂王，招引盗蜂。

开箱操作时，力求仔细、轻捷、沉着、稳重，做到开箱时间短、提脾和放脾直上直下，不能压死和扑打工蜂及挡住巢门。打开箱盖和副盖、提脾、放脾都要轻稳，面对巢脾时不宜喘粗气或大声喊叫。

61. 检查蜂群时应注意哪些事项？

①开箱检查时间不能太长，开箱时间长，不但影响巢温，而

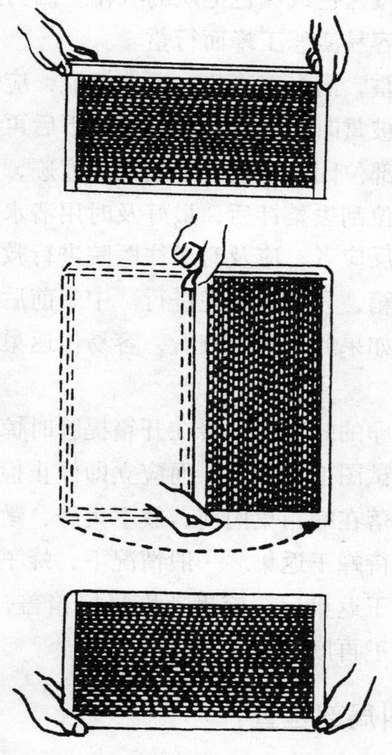

图 3–2 检查蜂群的提脾方法（引自诸葛群）

且还会影响蜜蜂幼虫的哺育和饲喂，并容易引起盗蜂。酷暑期开箱应在早晚气温稍低时进行。

②蜂群采集活动忙的时候不要检查蜂群，否则会影响其采集花粉和花蜜等。开箱要避开采集工蜂出勤的高峰期。外界蜜源缺乏的季节不宜开箱，容易引起盗蜂。如果必须开箱，只能在蜂群不出巢活动时进行。

③不要在太阳强烈、大风、大雨情况下检查蜂群。

④开箱时，养蜂人员身上切忌带有葱、蒜、汗臭、香脂、香

粉等异味，或穿戴黑色或深色毛质的衣帽，因为这些是工蜂厌恶的气味和颜色，容易激怒工蜂而行蜇。

⑤如果被蜂蜇，需沉着冷静，不能惊慌，应迅速用指甲刮去螫针。手提巢脾被蜇时，可将巢脾轻稳放下后再处理，切不可将巢脾扔掉。被蜇部位因留有报警外激素的痕迹，很容易再次被蜇刺，所以被蜇部位刮去螫针后，最好及时用清水或肥皂水洗净擦干。有严重过敏反应者，应及时送往医院进行救治。

⑥交尾群开箱，只能在早晚进行。中午前后往往是处女王外出交尾的时间，如果此时开箱查看，容易使返巢的处女王错投他群而发生事故。

⑦刚开始产卵的蜂王，常会在开箱提脾时惊慌飞出。遇到这种情况，切不可试图追捕蜂王，而应立即停止检查，将手中巢脾上的蜜蜂顺手抖落在蜂箱巢门前，放下巢脾，敞开箱盖，暂时离开蜂箱周围，等待蜂王返巢。一般情况下，蜂王会随着飞起的工蜂返回巢内。蜂王返巢后，应迅速恢复好箱盖，不宜继续开箱，以免使惊慌的蜂王再度飞起。

62. 什么叫局部检查？

局部检查，就是通过抽查巢内 1～2 张巢脾，判断蜂群的情况。由于不需要查看所有的巢脾，可以减轻劳动强度和对蜂群的干扰。特别适用于在外界气温低，或者蜜源缺少，容易发生盗蜂等不利的条件下检查蜂群。依据检查目的，而选择提脾的部位。

①了解蜂群的贮蜜多少，只需查看边脾上有无存蜜。如果边脾有较多的封盖蜜，说明巢内贮蜜充足。如果边脾贮蜜较少，可继续查看隔板内侧第 2 张巢脾，若巢脾的上边角有封盖蜜，则说明蜂群暂不缺蜜，如果边二脾贮蜜较少，则需及时补助饲喂。

②检查蜂王情况，应在巢内育子区的中间提脾。如果在提出的巢脾上见不到蜂王，但巢脾上有卵和小幼虫而无改造王台，说

明该群的蜂王健在。封盖子脾整齐、空房少，说明蜂王产卵良好。倘若既不见蜂王，又无各日龄的蜂子，或在脾上发现改造王台，看到有的工蜂在巢上或巢框顶上惊慌扇翅，这就意味着该群已经失王。若发现巢脾上的卵分布极不整齐，1 个巢房中有好几粒卵，而且东倒西歪，卵黏附在巢房壁上，这说明该群失王已久，工蜂开始产卵。如果蜂王和一房多卵现象并存，这说明蜂王已经衰老或存在着生理缺陷，应及时淘汰。

③检查蜂群的蜂、脾关系，确定蜂群是否需要加脾或抽脾。通常抽查隔板内侧第 2 张脾，如果该巢脾上的工蜂达 80%～90%，蜂王的产卵圈已扩大到巢脾的边缘巢房，并且边脾是贮蜜脾，就需要加脾；如果巢脾上的蜜蜂稀疏，巢房中无蜂子，就应将此脾抽出，适当地紧缩蜂巢。

④检查幼虫的发育状况，如幼虫营养状况、有无患幼虫病。从巢内育子区的偏中部提 1～2 张巢脾检查。如果幼虫显得湿润、丰满、鲜亮，小幼虫底部白色浆状物较多，封盖子面积大、整齐，表明蜂子发育良好。若幼虫干瘪，甚至变色、变形或出现异臭，整个子脾上无大幼虫、封盖子混杂，封盖巢房塌陷或穿孔，说明患有幼虫病。若脾面上或工蜂体上可见大小蜂螨，则说明蜂螨危害严重。

63. 什么叫全面检查？

蜂群的全面检查就是开箱后将巢脾逐一提出进行仔细查看，全面了解蜂群内部状况的检查。由于需查看的巢脾数量多，开箱时间较长，在低温的季节，特别是在早春或晚秋，会严重引起蜂群的巢温下降，在蜜源缺乏的季节容易引起盗蜂，而且工作的劳动强度大，因此，全面检查不宜经常进行。全面检查一般只在春夏之交的繁殖期，主要蜜源花期始末及秋季换王和越冬前后进行。

全面检查中发现的问题，应及时处理，如毁台、割除雄蜂、加脾、加础、抽脾等。不能处理的，应做好记号，待全场蜂群全部检查完毕之后再统一处理。

每群全面检查完毕，都应及时记录检查结果，即将蜂群内部的情况分别记入蜂群检查记录表（简称定群表）中。蜂群检查记录表能充分反映在某一场地不同季节蜂群的状况和发展规律，是制订蜂群管理技术措施和养蜂生产计划的依据，所以，蜂群的检查记录表应分类整理、长期妥善保存。蜂群的检查记录表分为蜂群检查记录分表（表 3–1）和蜂群检查记录总表。

表 3–1　蜂群检查记录

第____号蜂群　　　　　　　　　　　　　　　　蜂王出生日期________

上代母群第____号

检查日期			蜂王	蜂量	巢脾数（脾）					病虫害	备注
年	月	日	情况	（框）	共计	子脾	蜜粉脾	空脾	巢框	情况	

64. 如何近距离移动蜂群？

在相距 3 公里内移动蜂群称近距离移动。蜜蜂具有识别本群蜂箱位置的能力，如果在 3 公里内移动蜂箱，在短时间内，外勤工蜂仍会飞回到原来的巢位。因此，当对蜂群做近距离移动时，需要采取有效的方法，使蜜蜂迁移后能很快地识别新巢位，而不再飞返原址。

（1）逐渐移动

蜂群需要进行 10 ~ 20 米范围内的迁移时，可以采取逐渐迁

移的方法。向前后移位时，每次可将蜂箱移动1米；向上下左右移位时，每次不超过0.5米。移动蜂箱最好在早晚进行。每移动一次，都应等到外勤蜂对移动后的巢位适应之后，再进行下一次移动。

（2）直接移动

移动的原址和新址之间有障碍物，或有其他蜂群，或距离比较远，不便采取逐渐移动时，可于晚上关闭巢门打开后纱窗，将其搬入通风的暗室，关闭3天后，再搬到新址。待清晨蜜蜂未出巢之前打开巢门，用青草堵塞或虚掩巢门，蜜蜂在巢内急于出巢便啃咬堵塞在巢门的青草，同时青草经太阳渐渐晒干，草间的缝隙增大，经过一番努力蜜蜂才能从巢内钻出，以此加强它们对巢位变动的感觉，而重新进行认巢飞行。同时，原址放置1个蜂箱，内放空巢脾，收容返回的蜜蜂后，合并到邻群。

（3）搬离移动

所谓的间接移动，就是把蜂群暂时迁移到距离原址和新址都超过5公里的地方，过渡饲养30天后，直接迁往新址。这种方法进行蜂群的近距离移动最可靠，但会增加养蜂成本。

（4）利用越冬期移动

在北方，应尽可能地利用蜂群的越冬期进行近距离移动。当蜂群结成稳定的冬团时，就可以着手搬迁，但是搬迁时应特别小心，不能震散蜂团，以免冻死蜜蜂。蜜蜂经过较长的越冬期，对原来的箱位已失去记忆，来年春天出巢活动时，便会重新认巢。

（5）蜂群的临时移动

为了防洪、止盗、防农药中毒等，需要将蜂群暂时迁离原址。在迁移时，各箱的位置应详细准确地绘图编号，做好标志。蜂群搬回原场后严格按原箱位排放，以免排列错乱而引起蜜蜂斗杀。

65. 蜂群造脾需要哪些条件?

①外界气温稳定，一般要求在 20～25 ℃。

②工蜂大量采集粉蜜，巢内粉蜜充足。

③蜂王产卵力强，巢内子脾多，巢内拥挤，需要扩巢。

④群势较强，泌蜡适龄蜂数量多，但无分蜂热。

66. 巢础是如何安装在巢框内的?

在巢框上安装巢础的操作步骤如下。

（1）拉线

拉线是为增强巢脾的强度，避免巢脾断裂。拉线使用 24～25 号铁丝，将其拉直后剪成每根 2.3 米长的铁线段。拉线时顺着巢框侧梁的小孔来回穿 3～4 道铁丝，将铁丝的一端缠绕在事先钉在侧条孔眼附近的小铁钉上，并将小钉完全钉入侧条固定。用手钳拉紧铁丝的另一端，以用手指弹拨铁丝能发出清脆的声音为度，最后将这一端的铁丝也用铁钉固定在侧条上。

（2）上础

巢础容易被碰坏，上础时应小心。将巢础放入拉好线的巢础框上，使巢框中间的 2 根铁线处于巢础的同一面，上下 2 根铁线处于巢础的另一面，再将巢础仔细放入巢框上梁下面的巢础沟中。

（3）埋线

埋线就是用滚轮埋线器（图 2-6），将铁线加热部分熔蜡后埋入巢础中的操作。埋线前，应先将表面光滑、尺寸略小于巢框内径的埋线板用清水浸泡 4～5 小时，以防埋线时蜂蜡熔化使巢础与埋线板粘连，损坏巢础（图 4-5）。

将已上础的巢础框平放在埋线板上，将巢础插入上梁巢础沟后，用加热的普通埋线器或电热埋线器，将铁线逐根埋入巢础中

间。埋线的顺序，是先埋中间铁线，然后调整抚平巢础，再埋上下2根铁线，以保证埋线后巢础平整。

操作时，将埋线器加热后沿铁丝向前推移，使铁丝镶嵌到巢础内，用力要适当，防止铁丝压断巢础，或浮离巢础的表面。埋线后需用熔蜡浇注在巢框上梁的巢础沟槽中，使巢础与巢框上梁黏接牢固。在熔蜡壶放入碎块蜂蜡，然后将之放在电炉等炉具上水浴加热，待蜂蜡熔化后，将熔蜡壶置于70~80 ℃的水浴中待用。蜡液的温度不可过高，否则易使巢础熔化损坏。浇蜡固定时，一手持埋线后的巢础框，使巢框下梁朝上，另一手持熔蜡壶或盛蜡液的容器，向上梁的巢础沟中倒入熔蜡。手持巢框使上梁两端高低略有不同，初时手持端略高，熔蜡从巢础沟的靠手持的一端倒入，蜡液沿巢础沟缓缓向另一端流动，熔蜡到达另一端后立即抬高巢框上梁的另一端，使蜡液停止继续向下流动。

67. 如何组织蜂群造脾？

在气候温暖又稳定的时候，可将巢础框直接加在蜂巢的中部。气温较低和群势较弱时，巢础框应加在子圈的外围，也就是边二脾的位置，以免对保持巢温产生不利的影响。不能在上午加巢础，因为上午蜂群忙于出外采集活动，不宜造脾。也应避开气温较高的中午，以防巢础受热变形。应在傍晚加础，夜间蜂群造脾，效率高，质量好。

自然分蜂的分出群造脾能力最强。造新脾又快又好，无雄蜂房，且能够连续造出优质巢脾。刚收捕回来的分蜂团，巢内除了放1张供蜂王产卵的半蜜脾之外，其余都可用巢础框代替。巢础框的数量根据分蜂团的群势而定，加入巢础框后应保持蜂脾相称。缩小脾间蜂路和巢门，奖励饲喂糖浆，很快就可基本造成无雄蜂房的优质新脾，可提出部分新脾再加入巢础框，重复利用自然新分出群造优质脾。

强群泌蜡工蜂多，造脾速度快，故在流蜜期，每群一次可插入2~3个巢础框同时造脾，巢础框应与巢脾间隔排放。强群易造雄蜂房，尤其是在大流蜜期。为了充分利用强群的造脾能力，造出雄蜂房少的优质巢脾，可先把巢础框放入群势较弱的新王群，造成础脾后，再插入强群完成。

为了加快造脾速度和保证造脾完整，应保持群内蜂脾相称，或蜂略多于脾。巢脾过多，会影响蜂群造脾积极性，并使新脾修造不完整。造脾蜂群应及时淘汰老劣旧脾或抽出多余的巢脾，以保证适当密集。

傍晚对加础群进行奖励饲喂，能促进蜂群加速造脾。

68. 造脾过程如何管理蜂群?

加础后第2天检查造脾情况。淘汰变形破损的巢础。未造脾或造脾较慢，应查找原因，如蜂王是否存在、是否脾多蜂少、饲料是否充足、是否分蜂热等。根据具体情况再做处理。在造脾的过程中，需检查1~2次。造不到边角的脾，立即移到造脾能力强且高度密集的蜂群去完成。如果巢础框两面或两端造脾速度不同，可将巢础框调头后放入。发现脾面歪斜应及时推正，否则向内弯的部位会造出畸形的小巢房，而弯曲的外侧会造出较大的雄蜂房。对有断裂、漏洞、翘曲、皱折等严重变形，雄蜂房多，质量差的新脾，应及时取出淘汰，另加新巢础框重新造脾。

69. 巢脾如何保存?

蜂群越冬或越夏前，蜂群的群势下降，必须抽出多余巢脾。抽出的巢脾保管不当，就会发霉、积尘、滋生巢虫、引起盗蜂和遭受鼠害。巢脾保存最主要的问题是防止蜡螟的幼虫——巢虫的蛀食危害。巢脾应该保存在干燥清洁的地方，其邻室都不能贮藏农药，以免污染巢脾。保存巢脾需要用药物熏蒸消毒，因此，保

存地点也不宜靠近生活区。大规模的蜂场应设立密闭的巢脾贮存室。一般蜂场利用现有的蜂箱保存巢脾，在贮存巢脾前需将蜂箱彻底洗刷干净。

（1）巢脾的清理和分类

巢脾贮存整理之前，应将空脾中的少量蜂蜜摇尽。刚摇出蜂蜜的空脾，需放到巢箱的隔板外侧，让蜜蜂将残余在空脾上的蜂蜜舔吸干净，然后再取出收存。从蜂群中抽取出来的巢脾，用起刮刀将巢框上的蜂胶、蜡瘤、下痢的污迹及霉点等杂物清理干净，然后分类放入蜂箱中，或分类放入巢脾贮存室的脾架上，并在箱外或脾架上加以标注。同类的巢脾应放置在一起，以利于以后的选择使用。

需要贮存的巢脾可分为蜜脾、粉脾和空脾 3 类保存。

（2）巢脾的熏蒸

巢脾密封保存是为了防止鼠害和巢虫危害及盗蜂的骚扰。巢脾在贮存前很可能有蜡螟的卵虫蛹，发育成巢虫后危害密封中的巢脾，为了消灭这些蜡螟及其卵虫蛹，就需要用药物熏蒸。蜡螟和巢虫在7 ℃以下就不再活动，因此，在气温 7 ℃以下的冬季保存巢脾可暂免熏蒸。

①二硫化碳熏蒸：二硫化碳是一种无色、透明、有特殊气味的液体，密度为 1.263 g/cm^3，常温下容易挥发。气态二硫化碳比空气重，易燃、有毒，用时应避免火源或吸入。二硫化碳熏蒸巢脾只需 1 次，处理时相对较方便，效果好，但成本高，对人体有害。

用蜂箱贮存巢脾，二硫化碳熏蒸巢脾时可在 1 个巢箱上叠加 5 ~6 层继箱，最上层加副盖。巢箱和每层继箱均等距排列 10 张脾。二硫化碳气体比空气重，应放在顶层巢脾。如果盛放二硫化碳的容器较高，最上层继箱还应在中间空出 2 张脾的位置。蜂箱的所有缝隙用裁成条状的报纸糊严，待放入二硫化碳后再用大张报纸将副盖也糊严。底部应适当垫高防潮。

在熏蒸操作时，为了减少吸入有毒的二硫化碳气体，向蜂箱中放入二硫化碳时应从下风处或从里面开始，逐渐向上风处或外面移动。二硫化碳气体能杀死蜡螟的卵、虫、蛹和成虫。二硫化碳的用量按每立方米容积 30 毫升计算，每个继箱的用量约合 1.5 毫升。考虑到巢脾所处空间不可能绝对密封，实际用量可增加 1 倍左右。

②硫黄粉熏蒸：硫黄粉熏蒸是通过硫黄粉燃烧后，产生大量的二氧化硫气体达到杀灭巢虫和蜡螟的目的。二氧化硫熏脾，一般只能杀死蜡螟（成蛾）和巢虫（幼虫），不能杀死卵和蛹。若要彻底杀灭蜡螟，须待其卵、蛹孵化成幼虫和蛹羽化成成虫后再次熏蒸。因此，用硫黄粉熏蒸需在 10 ~15 天后熏第 2 次，再过 15 ~20 天蒸第 3 次。硫黄粉熏蒸成本低，易购买，但操作较麻烦，易发生火灾。

燃烧硫黄粉产生热的二氧化硫气体比空气轻，所以硫黄粉熏蒸应将硫黄粉放在巢脾的下方。用蜂箱贮存巢脾，硫黄粉熏蒸时应备 1 个有巢门档的空巢箱作为底箱，上面叠加 5 ~ 6 层继箱。为防硫黄粉燃烧时巢脾熔化失火，巢箱不放巢脾。第 1 层继箱仅排列 6 个巢脾，分置两侧，中央空出 4 框的位置。其上各层继箱分别排放 10 张巢脾。除了巢门档外，蜂箱所有的缝隙都用裁成条状的报纸糊严（图 3-3）。

撬起巢门档，在薄瓦片上放上燃烧的火炭数小块，撒上硫黄粉后，从巢门档处塞进箱底，直到硫黄粉完全烧尽后，将余火取出。仔细观察箱内无火源后，再关闭巢门档并用报纸糊严。硫黄粉熏脾易发生火灾事故，切勿大意。二氧化硫气体具有强烈的刺激性气味、有毒，操作时应避免吸入。硫黄粉的用量，按每立方米容积 50 克计算，每个继箱约合 2. 5 克。考虑到巢脾所处空间不可能绝对密封，实际用量同样酌加 1 倍左右。

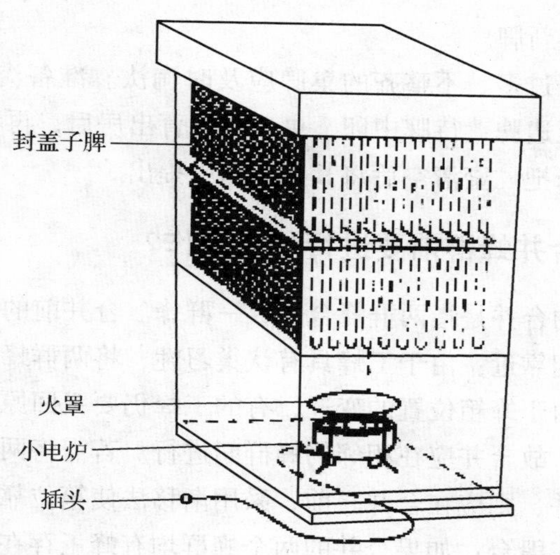

图 3–3 电炉燃烧硫黄粉熏杀巢虫（引自方兵兵、叶振生）

蜜脾和粉脾除了用保存空脾的方法消毒之外，还要防止蜂蜜从巢房溢出及花粉发酵霉烂。因此，蜜脾应等蜂蜜成熟封盖后才能提出保存；粉脾要待蜜蜂加工到粉房表面有光泽后再提出，同时在粉脾表面涂一层浓蜂蜜，并用塑料薄膜袋包装，以防干涸。

熏蒸保存的巢脾，使用前应取出通风一昼夜，待完全没有气味后方能使用。在养蜂生产中，常将熏蒸贮存后的巢脾用盐水浸泡 1 ~ 2 天之后用摇蜜机摇出盐水，再用清水冲洗干净晾干后使用。

70. 如何使用巢脾？

蜂场需配备的巢脾数量，应根据蜂种、蜂场规模、饲养方式而定。一般应按计划发展的蜂群数，每群配备 15 ~ 20 张巢脾。巢脾最多使用 3 年，也就是说每年至少应更换 1/3 的巢脾。转地饲养的蜂群，因花期连续，培育幼虫的代数多，巢脾老化快，需要年年更换新脾。

雄蜂房过多、不整齐的巢脾应及时淘汰。准备淘汰的巢脾，可逐渐移至边脾，待脾中卵、虫、蛹发育出房后，再移至隔板外侧，待蜜蜂把贮蜜清空后将其从蜂箱中提出。

71. 合并蜂群前要进行什么操作?

蜂群的合并是指两群蜂合并成一群蜂。合并前的操作如下。

①互相靠近：由于工蜂具有认巢习性，将两群蜂或几群蜂合并以后，由于蜂箱位置的变迁，有的工蜂仍要飞回原址寻巢，易造成混乱，故合并应在相邻的蜂群间进行。若需将两个相距较远的蜂群合并，则应在合并之前，采用渐移法使箱位靠近。

②除王毁台：如果合并的两个蜂群均有蜂王存在，除了保留一只质量较好的蜂王之外，另一只蜂王应在合并前 1 ~2 天去除。在蜂群合并的前半天，还应彻底检查、毁弃无王群中的改造王台。

③保护蜂王：蜂群合并往往会发生围王现象，为了保证蜂群合并时蜂王的安全，应先将蜂王暂时关入蜂王诱入器内保护起来，待蜂群合并成功后，再释放蜂王。

④时间选择：蜂群合并宜选择在工蜂停止巢外活动的傍晚或夜间，此时的工蜂已经全部归巢，蜂群的警觉性较低。

72. 直接合并如何操作?

直接合并蜂群常用于刚搬出越冬室而又没有经过排粪飞行的蜂群，以及流蜜期的蜂群。合并时，打开蜂箱，把有王群的巢脾调整到蜂箱的一侧，再将无王群的巢脾带蜂放到有王群蜂箱内的另一侧。视蜂群的警觉性调整两群蜂的巢脾间隔的距离，一般间隔 1 ~3 张巢脾，也可用隔板暂时隔开两群蜂的巢脾。次日，两群蜜蜂的群味完全混同后，就可将两侧的巢脾靠近。

为了直接合并的安全，合并时采取混同群味的措施。所采取的措施有：①向合并的蜂群喷洒稀薄的蜜水；②合并前在箱底和框梁滴 2~3 滴香水，或滴几十滴白酒；③向参与合并的蜂群喷烟；④将要合并的蜂群都放入同一箱后，中间用装满糖液或灌蜜的巢脾隔开。

直接合并常造成围王、失王现象，尽可能少采用。

73. 间接合并如何操作？

间接合并是常用的合并方法，适用于非流蜜期的春、夏、秋季的蜂群。间接合并有铁纱合并法和报纸合并法 2 种。

（1）铁纱合并法

将有王群的箱盖打开，铁纱副盖上叠加一个空继箱，然后将另一个需要合并的无王群的巢脾带蜂提入继箱。两个蜂群的群味通过铁纱互通混合，待两群工蜂相互无敌意后就可撤除铁纱副盖，将两原群的巢脾并为一处，抽出多余巢脾。间接合并用铁纱分隔的时间根据外界蜜源状况而定，有辅助蜜源时只需 1 天，无蜜源时需要 2 天以上。能否去除铁纱，需观察铁纱两侧工蜂的行为，较容易驱赶铁纱两侧工蜂时，表明两群气味已互通，若有工蜂撕咬铁纱，驱赶不散，则说明两群敌意未消除。

（2）报纸合并法

铁纱副盖可用钻有许多小孔的报纸代替。将巢箱和继箱中的两个需合并的蜂群，用有小孔的报纸隔开，上下箱体中的工蜂集中精力将报纸咬开，放松了对身边工蜂的警觉。当合并用的报纸洞穿时，两群蜜蜂的群味也就混同了。

在炎热的天气用间接合并法时，要在继箱上开一个临时小巢门，以防继箱中的蜜蜂受闷死亡。

74. 什么叫蜂群的调整及如何操作？

蜂群的调整是蜂群间的部分合并，包括蜂量、巢脾的合并和箱内巢脾位置的调整。

（1）蜂量的调整

流蜜期之前，把一强一弱的蜂群双箱并列排放在一起，强群为采蜜主群，弱群为副群。在流蜜期，为了把副群中的采集蜂调整到主群，以加强主群的采集力，将副群移放到其他地方，这样副群的采集蜂出巢采集后，就会飞回原巢址，进入主群中。

（2）巢脾的调整

在饲养管理中，经常采用交换巢脾的方式来调整各群的饲料、子脾和群势。在调整巢脾过程中应保证蜂、脾比例相称，才不影响蜂群的保温能力和哺育能力。为防止病、虫、敌害的传染和扩散，不能从患病和螨害严重的蜂群抽调巢脾。

（3）粉、蜜脾的调整

蜂场个别的蜂群缺乏粉蜜，可从粉蜜贮存较多的蜂群中抽取粉蜜脾加以补充。尤其在非流蜜期，由于补助饲喂容易引起盗蜂，最好从强群中抽出蜜脾补给缺蜜的弱群。流蜜初期，可将已开始采集主要蜜源的蜂群中的蜜脾调整给个别不采集主要蜜源的蜂群，以促进这部分蜜蜂采集。

（4）子脾的调整

子脾可分为两大类：需要哺育和饲喂的未封盖子脾和不需饲喂的封盖子脾。多数情况下，从保温能力和哺育力较差的弱群中抽出未封盖子脾，放入强群中培养；从强群中抽出封盖子脾，放入弱群以加强其群势。这样调整可有效发挥弱群蜂王的产卵力，有利于控制强群的分蜂热。

在外界蜜粉源比较丰富的季节，可直接将带蜂的子脾调整到需要的蜂群。直接调整时需注意不能将蜂王随蜂脾调出。调入的

蜂脾放在原巢脾的外侧，并留出一个脾的位置或中间加一块隔板，1～2 天后再进行箱内调整。蜂脾加入时还要注意不能靠近蜂王所在的巢脾，以防发生围王。

75. 箱内巢脾应如何排列?

由于蜂群中心巢脾的温度比较稳定，所以蜂王多在中心巢脾开始产卵，然后再向外扩展。为了使蜂王所产的卵能在稳定的温度下孵化，当蜂群度过早春恢复期后，将中间的封盖子脾向外移动，同时把大部分出房的封盖子脾或空脾调入蜂巢中间供蜂王产卵，始终保持蜂王在巢中心产卵。在气温较低的季节，巢脾的排列应保持产卵脾在正中，两侧依次是小幼虫、大幼虫、封盖子脾和粉蜜脾。

当群势增长到满箱后，加上平面隔王栅后叠加继箱，然后把封盖子脾提到继箱，减少蜂箱中散发的热量。封盖子脾出房后，空脾可供蜂群贮蜜。

76. 人工育王需要什么工具?

人工育王需要的工具（图 3-4、图 3-5）如下。

①蜡碗棒：长度为 100 毫米左右，蘸蜡碗的一端必须十分圆滑，该端 10～12 毫米处的直径为 8～9 毫米，木制，用以蘸制蜡碗（又称蜡盏）。

②蜡碗：就是人工制的台基，是用纯净的熔化了的蜂蜡以蜡碗棒蘸制而成的。蜡碗的深度为 10 毫米左右，碗口的直径为 8～9 毫米，碗底的直径为 7 毫米左右。碗口应制得薄一些，越往碗底越厚。此外，也可采用塑料制的台基。

③育王框：木制，与巢框大小相同，但其厚度只有巢框上梁厚度的 1/2 多一点。框内等距离地横着安上 3 根木条，以固定蜡碗。在每根木条上等距离地黏上 8～10 个蜡碗。

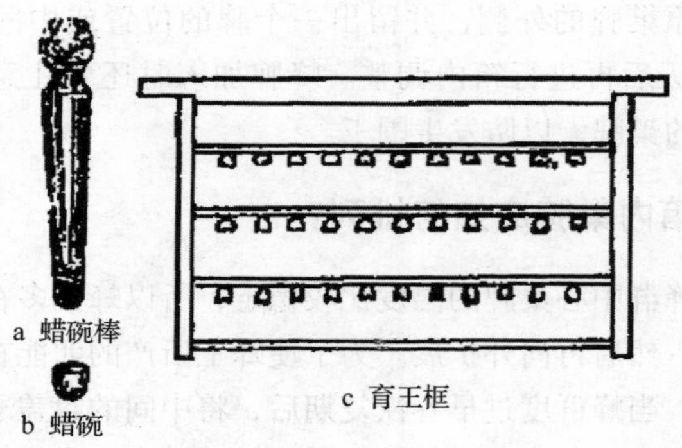

图 3-4 育王用具

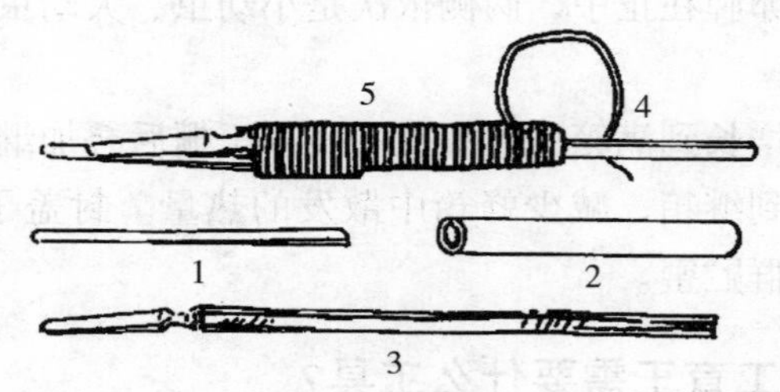

图 3-5 移虫针

1. 移虫舌 2. 塑料管 3. 推虫杆 4. 钢丝弹簧 5. 塑料扎线

④移虫针：弹性移虫针。

77. 如何准备育王用的幼虫？

为了培育出优质、高产蜂王，选择育王用的幼虫是关键。首先，产卵的蜂王不是杂交一代蜂王，应用本场选育的二、三代蜂王，不用刚从市场购买的蜂王育王。其次，迫使亲代蜂王产下大而重的卵，用大卵才能培育出优质王。具体操作如下：在移虫的前 10 天，用框式隔王板将种王控制在蜂巢的一侧，在该控制区内只有 3 框巢脾、1 框蜜粉脾、1 框大幼虫脾和 1 框小幼虫脾，

每框巢脾上都几乎没有空巢房，迫使种王停止产卵。在移虫的前 4 天，从控制区内抽出 1 张子脾，换入 1 张只产过一次卵的空巢脾，让种王产卵。这样的卵便是大卵，孵化后便可培育出优质、健壮的蜂王。

78. 如何组织哺育群?

为保证处女王遗传上的稳定性，最好用母群作为哺育群。哺育群必须无病、无螨，群势强壮，至少要有 8 ~9 框蜂以上，并且蜂数要密集（做到蜂多于脾），饲料要充足。哺育群内的自然王台应全部毁掉。1 个哺育群 1 次哺育 30 个王台为宜。

哺育群组织好以后，每晚进行奖励喂饲，如果外界蜜粉源不太理想，还应在蜜水中加入少量鸡蛋、奶粉之类的蛋白质饲料，直至王台封盖为止。

79. 如何进行移虫操作?

在移虫前一天晚上，对取虫的种用群进行大量奖励喂饲，以增加泌乳量，便于移虫。

移虫前 2 小时，将黏好蜡碗的木条，装在育王框上，让工蜂清理。蜡碗数不能超过 30 个，每条安放 10 个。蜡碗间距约 10 毫米。蜡碗清理好后，即可移虫。

移虫操作在室内外都可以进行，天气较冷时在室内操作。在室内移虫时，灯光不能直照幼虫，环境要清洁卫生，温度必须在 25 ~30 ℃，相对湿度在 70% 以上。

操作步骤如下：从蜂群内提出清理好蜡碗的育王框，把木条取出，平放在平台上，碗口向上。用 1 根干净的小棒，将少许王浆稀释液或蜜汁沾在蜡碗的底部，使幼虫容易离开移虫针，又能防止幼虫死亡。

然后从种用群中把小幼虫脾提出，斜放，寻找虫龄 24 小时左右的幼虫，不得超过 48 小时。如果要二次移虫，第 1 次移虫的虫龄可以稍老些。将移虫针从幼虫弯曲的背部斜伸到幼虫的底部，把幼虫轻轻挑起，放入蜡碗（图 3–6）。移好一条后，用温热湿巾盖上，再移第 2 条、第 3 条。

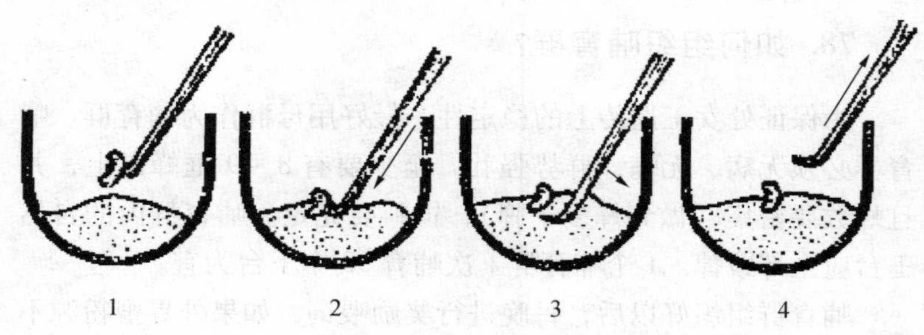

图 3–6　把幼虫移入蜡碗

1 ~ 2. 将幼虫放入蜡碗的王浆上　3 ~ 4. 从下边抽出移虫针

全部移虫完毕后，提起育王框用热毛巾盖好，移到育王群并放入巢箱内。

80. 如何管理育王群？

在插入育王框前一天把蜂王提出箱外，用塑料王笼储存，可存放在育王群边脾，也可存放在其他群内。王台接受之后进行奖励饲喂。育王群培育一批王台后，再将原王放回。育王框插入哺育群中以后，哺育群迅速吐浆饲喂幼虫。一天后，取出育王框进行检查，已接受的，则王台加高，台中的王浆增多；未接受的，则王台不加高或被咬坏，台中没有王浆，幼虫干缩。若接受率太低，应重新再移一批虫。

81. 如何组织交尾群？

从移虫之日（复式移虫则从第 2 次移虫之日）算起，约过

12 天，处女王就应出房。在此前 1 ~2 天就应组织好交尾群。交尾群又称核群，是处女王在交尾期间的临时蜂巢。交尾群栖居的蜂箱称交尾箱。

交尾群放在离本场蜂群远一点的地方。两交尾箱间距离应在 1.5 米以上。为便于处女王婚飞回巢时辨认交尾箱，除应保留交尾箱附近的树木、土堆、小草等自然标志物外，最好还要用黄、蓝、白等不同颜色的纸剪成方形、圆形、三角形等不同的简单图案，分别贴在每个交尾箱的巢门上方。

82. 如何将成熟王台诱入交尾群？

在诱入王台前一天应毁除所有的王台，如果是有王群，还需除王。诱入的王台为封盖后 6 ~7 天的老熟王台。如果诱入王台过早，王台中的蛹发育未成熟，比较娇嫩，容易冻伤和损伤；如果诱入过迟，处女王有可能出台。在诱入王台的过程中，应始终保持王台垂直并端部向下，切勿倒置或横放王台，尽量减少王台的震动。

如果诱入王台的蜂群群势较弱，可在子脾中间的位置，用手指压一些巢房，然后使王台保持端部朝下的垂直状态，紧贴在巢脾上的压倒巢房的部位，牢稳地嵌在凹处。如果群势较强，可直接夹在两个巢脾上梁之间。

王台诱入群势稍强的蜂群时，常遭破坏，可用铁丝绕成弹簧形的王台保护圈加以保护。王台圈的下口直径为 6 毫米，上口直径为 10 毫米，长为 35 毫米（图 3–7）。使用时，先将成熟王台取下，垂直地放入保护圈内，令王台端部顶在此圈下口，此圈上部用小铁片封住，放在两个子脾之间，再将王台保护圈基部的铁丝插入子脾中心，并调整两个巢脾的距离。

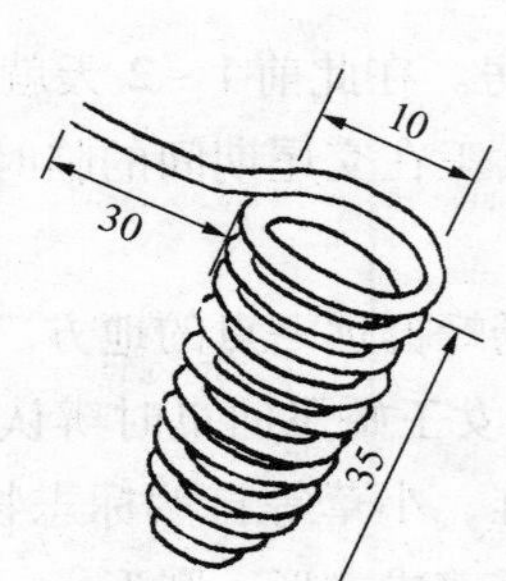

图 3–7　王台保护圈（单位：毫米）

83. 什么叫人工分群？

人工分群简称分群，就是从一个或几个蜂群中，抽出部分蜜蜂、子脾和粉蜜脾，组成一个新蜂群。人工分群是增加蜂群数量的重要措施，也是防止自然分蜂的一项有效措施。实施人工分群，应在外界蜜粉源丰富、温度适宜的春季进行。

84. 单群分群如何操作？

将一个群以等量的蜜蜂、子脾和粉蜜脾等分为两个群。其中原群保留原有的蜂王，分出群则需诱入一只产卵的新蜂王。这种分群方法的优点是分开后的两个蜂群，都是由各龄蜂和各龄蜂子组成的，不影响蜂群的正常活动，新分群的群势增长也比较快。因此，单群分群只宜在主要蜜源流蜜期开始前的45天进行。

单群分群操作时，先将原群的蜂箱向一侧移出一个箱体的距离，再在原蜂箱位置的另一侧放好一个空蜂箱，之后从原群中提出大约一半的蜜蜂、子脾和粉蜜脾置于空箱内。次日给没有王的新分出群诱入一只产卵蜂王。分群后如果发生偏集现象，可以将蜂偏多的一箱向外移出一些，离原群巢位稍远，或将蜂少的一箱

向里靠一些，以调整两个蜂群的群势。

单群分群给新分出群介入王台。新王出台后交尾、产卵后再加础造脾，扩大蜂群。如果交尾失败，即可再放入 1 个成熟王台，补加 1 张幼虫脾。或者诱入 1 只产卵新王，接受后放出。

85. 混合分群如何操作？

利用若干个强群中一些带蜂的成熟封盖子脾，混合在一起组成新蜂群，这种人工分群的方法叫作混合分群。混合分群是利用强群中多余的蜜蜂和成熟子脾，并诱入产卵王或成熟王台组成新蜂群。强群中抽出部分带蜂的成熟子脾后，防止了分蜂热的发生，使蜂保持积极的工作状态。同时，由强群中多余的蜜蜂和成熟的封盖子脾所组成的新蜂群，到主要流蜜期可以增加蜂场的采蜜群。

新分群组织完毕，巢门暂时用茅草松软地塞上，让蜜蜂自己咬开，促使部分蜜蜂重新认巢。混合分群的新分群，次日检查一次，抽出多余的巢脾。新蜂群组成后，为了帮助快速发展壮大，可陆续补 2 ~3 框成熟封盖子脾。

混合分群组成的蜂群需较长时间才能正常生活。混合分群只能在分蜂季节进行，其他季节混合会造成组成蜂群的工蜂多数飞回原群，从而使组成蜂群群势太弱而无法生存。

86. 直接诱入蜂王如何操作？

只有在外界蜜粉源条件好，平均气温高于 25 ℃时才能直接诱入蜂王。

诱入蜂王的蜂群群势较弱、幼蜂多老蜂少，而且失王时间不超过 2 天，而将要诱入的蜂王产卵力强，可采用直接诱入的方法。直接诱入蜂王后，不宜马上开箱检查，应先在箱外观察。如果诱入群巢门前工蜂活动正常，即诱入成功，过 2 天后再开箱检查。

（1）夜晚从巢门放入

如果淘汰旧王更换新王，白天应去除老蜂王。夜晚从交尾群中带脾提出已开始产卵的新蜂王，把此脾平放，有蜂王的一面朝上，上梁紧靠在无王群的起落板上，使脾面与蜂箱起落板处于同一平面。用手指稍微驱赶蜂王，当蜂王爬到蜂箱的起落板上时，立即把巢脾拿开，蜂王自动地爬进蜂箱。

此外，也可在夜晚把无王群的箱盖和副盖打开，从交尾群提出带王的巢脾后，轻稳地将蜂王捉起，放在无王群的框梁上。用这种方法诱王，应特别注意操作时轻稳，不能惊扰蜂群，也不能使蜂王惊慌。

（2）白天从巢门诱入

将副盖一端搭靠在巢门踏板上，从无王群中提出2~3框带蜂巢脾，随手将脾上的蜜蜂抖落在巢前。靠近巢门的蜜蜂会举腹发出蜂臭，巢前蜜蜂一阵慌乱后，就有秩序地沿着副盖向巢门爬去。将要诱入的蜂王轻放到巢前的副盖上，使蜂王跟随蜜蜂一起进入蜂箱。

（3）带蜂脾诱入

在去除诱王蜂群的蜂王和王台之后，于当天傍晚把即将诱入的蜂王带脾一起提出，放在需诱王群的隔板外侧，并与隔板保持一定的距离。此脾与隔板的距离一般为5厘米以上。若蜜粉源条件比较好，还可以再靠近隔板一些。过1~2天再把此脾连同蜂王和工蜂调整到隔板内侧，与蜂群合并。虽然这种诱王方法稍复杂一点，但是比较安全。

（4）转地换王

经长途运输的蜂群到达新的放蜂场地后，在开箱拆除装钉时，群内的老壮工蜂大部分都出巢活动，蜂群处于纷乱状态，留在巢内的多是青幼蜂，这时可趁蜂群检查的机会，淘汰老王，随即换入新的产卵王。

87. 间接诱入蜂王如何操作？

间接诱入是诱入蜂王的主要方法。

把蜂王暂时关闭在能够透气的塑料王笼或铁纱王笼中，放入蜂群，蜂王被接受后再释放。这种诱王的方法成功率很高，一般不会发生围死蜂王的事故。在外界蜜源不足、平均气温较低时应采用间接诱入方法诱王。间接诱入成功后，释放出来的蜂王，需要过一段时间才能恢复正常的产卵。

（1）用王笼诱入

间接诱入的常用工具有扣脾铁纱王笼及塑料王笼（图3-8）。用塑料王笼操作时，将蜂王放入王笼中放在框梁上或夹放在框梁间。用扣脾王笼将蜂王扣在巢脾上，连同巢脾一同放入无王群。扣脾王笼应将蜂王扣在卵虫脾上有贮蜜的部位，同时关入7～8只幼蜂陪伴蜂王。1～2天后开箱检查，如果诱王笼上的蜜蜂已散开，或工蜂已开始饲喂蜂王，则说明此蜂王已被无王群接受，将蜂王从王笼中放出。如果工蜂仍紧紧地围住王笼，吹几口气，工蜂仍不散开，甚至还有的工蜂咬铁纱或笼栅，这表明蜂群还没有接受此蜂王，这时将王笼继续放在蜂群中，直到工蜂不围笼，再放蜂王。

邮寄来的王笼可直接放在蜂路间，王笼的一面对着蜂路，按间接诱王方法处理。也可用一小团炼糖塞住邮寄王笼的进出口，放入无王群，待工蜂将炼糖吃光后，进出王笼的信道自行打通，蜂王自行从王笼中爬出。

（2）用框式诱入器诱入

即从交尾群中选择1框带有边角蜜的巢脾，连蜂王、工蜂和巢脾一起放入框式诱入器中，插上盖板后放入无王群。过1～2天后，诱入器铁纱上的工蜂没有敌意后，就可撤去诱入器。使用框式诱入器诱王，不仅安全可靠，而且在诱王过程中，不影响蜂

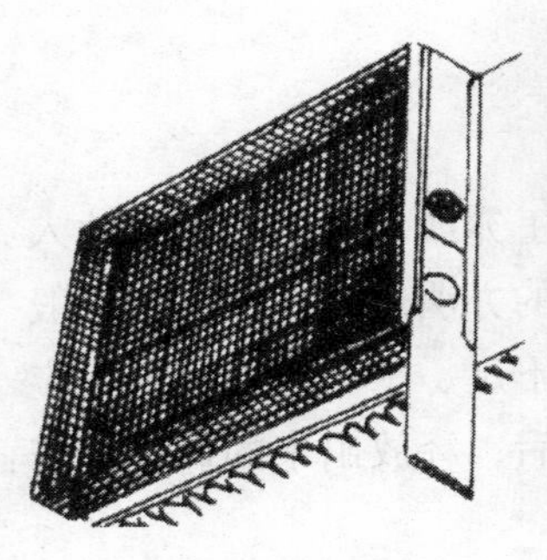

a 扣脾铁纱王笼

b 塑料王笼(笔者摄)

图 3–8 扣脾铁纱王笼及塑料王笼

王的发育和产卵。

(3) 组织幼蜂群诱入

组织幼蜂群诱入是最安全的诱王方法。用脱蜂后的正在出房的封盖子脾和小幼虫脾上的哺育蜂组成新分群。将新分群搬离原群巢位，使新分群中少量的外勤工蜂飞返原巢，这样，新分群基本由幼蜂组成。把装有蜂王的王笼放入蜂群中的两巢脾中间，等蜂王完全被接受后，再释放蜂王。

蜂王被诱入蜂群后，要尽量减少开箱检查，以免惊扰蜂群，增加围王的危险。

88. 蜂王被围如何解救?

了解蜂王是否被围，可先在箱外观察。当看到蜜蜂采集正常，巢口又无死蜂或小蜂球，表明蜂王没有被围；若情况反常，就需立即开箱检查。开箱检查围王情况，不需提出巢脾，只要把巢脾稍加移动，从蜂路看箱底即可。如果巢间蜂路和箱底没有聚集成球状蜂团，说明正常；如果发现蜜蜂结球，说明蜂王已被围困于其中，应迅速解救，以免将蜂王围死造成损失。

解救蜂王不能用手捏住工蜂强行拖拉，以避免损伤蜂王。解救蜂王的方法：把蜂球用手取出投入到温水中，或向蜂球喷洒蜜水或喷烟雾，或将清凉油的盒盖打开扣在蜂球上，以之来驱散蜂球上的工蜂；或向蜂球上滴数滴成熟蜂蜜，把围王工蜂的注意力吸引到吸食蜂蜜上来；最后剩下少量的工蜂仍死咬蜂王不放，就要仔细用手将这些工蜂一一捏死。

对解救出来的蜂王，应仔细检查。蜂王伤势严重，则不必保留；肢体无损，行动正常的蜂王，可再放入诱入器中放回蜂群，直到被蜂群接受后再释放出来。

89. 如何储备蜂王？

将产卵能力下降，但还能维持蜂群正常活动的蜂王储存起来，以提供突然失王群急用。新王不储存。蜂王储存以不超过1个月为宜。长期储存会使蜂王丧失分泌各种激素的能力。越冬期不储存蜂王。

具体操作如下：将要储存的蜂王放进塑料王笼，挂在强群的第2张脾上。次日检查，若工蜂饲喂笼中蜂王，即蜂王已被接受，可以储存在该群里；若工蜂围困王笼，即蜂王未被接受，应将蜂王提出王笼，重新储存在其他蜂群中。

90. 蜂群出现分蜂热是什么状态？

蜂群内出现分蜂王台后，工蜂就会减少对蜂王的饲喂，迫使蜂王卵巢收缩、产卵力下降，甚至停卵，与此同时，蜂群也减少了采集和造脾活动，整个蜂群呈“怠工”状态。这种现象称为分蜂热。产生分蜂热的蜂群既影响蜂群的增长，又影响养蜂生产，而且分蜂发生后还增加了收捕分蜂团的麻烦，所以，控制蜂群分蜂热是极其重要的管理措施。

促使蜂群发生分蜂热的因素很多，其主要是蜂群中工蜂获得的蜂王信息素不足、哺育力过剩及巢内外环境温度过高等。

91. 如何控制分蜂热的发生？

控制和消除分蜂热应根据蜂群自然分蜂的规律，采取相应的综合管理措施。如果一直坚持采取破坏王台等简单生硬的方法来压制分蜂热，则会导致工蜂长期怠工，并影响蜂王产卵和蜂群的发展，其结果既不能获得蜂蜜高产，群势也将大幅削弱。

（1）更换新王

新蜂王释放的蜂王信息素多，控制分蜂能力强。笔者试验证明：只有复式移虫的强壮新王才具有控制分蜂热的能力。急造王台的新王不能控制已发生的分蜂热。此外，新王群的卵虫多，这既能加快蜂群的增长速度，又使蜂群具有一定的哺育负担。

（2）调整蜂群

蜂群的哺育力过剩是产生分蜂热的主要原因。因此，在蜂群增长阶段应适当地调整蜂群的群势，以保持最佳群势为宜。蜂群快速增长的最佳群势为8~10框。调整群势的方法主要有两种：一是抽出强群的封盖子脾补给弱群，同时抽出弱群的卵虫脾加到强群中，这样既可减少强群中的潜在哺育力，又可加速弱群的群势发展；二是进行人工分群。

（3）改善巢内环境

巢内拥挤闷热也是促使分蜂的因素之一。当外界气候稳定，蜂群的群势较强时，就应及时进行扩巢、通风、遮阴、降温，以改善巢内环境。改善巢内环境的措施有：将蜂群放置在阴凉通风处；适时加脾或加础造脾、增加继箱等以扩大蜂巢的空间；开大巢门、扩大脾间蜂路以加强巢内通风；及时饲水和在蜂箱周围喷水降温等。

（4）生产王浆

蜂群的群势壮大以后，连续生产王浆。加重蜂群的哺育负

担，充分利用工蜂过剩的哺育力，这是抑制分蜂热的有效措施。

（5）多造新脾

多造新脾增加蜂巢的有效产卵圈。同时可充分利用工蜂的泌蜡能力，积极地加础造脾、扩大卵圈，加重蜂群的工作负担，这有利于控制分蜂热。

（6）提早取蜜

在大流蜜期到来之前，取出巢内的贮蜜，有助于促进蜜蜂采集，减轻分蜂热。当贮蜜与培育幼虫发生矛盾时，应取出积压在子脾上的成熟蜂蜜，以扩大卵圈。

（7）组织双王饲养

可在继箱中再诱入1只产卵王，组成双王同群饲养。由于蜂群中有2只蜂王释放蜂王信息素，增强了控制分蜂的能力，因此能够延缓分蜂热的发生，而且2只蜂王产卵，幼虫较多，减少了哺育力过剩。但双王同群饲养，在管理上增加了很多困难，不宜普遍采用。到流蜜期必须提出1只蜂王，用几张子脾单独饲养，保持主群单王取蜜。

92. 如何组织主副群饲养？

主副群饲养是强弱群搭配、分组管理的养蜂方法。将2~3箱蜜蜂紧靠成一组，其中一箱为强群，群势8~10框，为蜂群增长最佳群势，经适当调整和组织，到了流蜜期成为采蜜主群；另1~2群为相对较弱的蜂群，主群增长后多出最佳群势的工蜂不断地调入副群。当蜂群上继箱后，培育一批蜂王。蜂王出台前2~3天，在主群旁边放1个空蜂箱，然后从主群中提出3~4框带蜂的封盖子脾和蜜脾，组成副群，第2天诱入1个王台。等新王产卵后，不断地从主群中提出多余的封盖子脾补充给副群，以此能有效控制主群产生分蜂热。

93. 已发生分蜂热的蜂群如何管理?

如果由于各种原因，所采取的控制分蜂热的措施无效，群内王台封盖，蜂王腹部收缩，产卵几乎停止，自然分蜂即将发生时，首先清除巢内所有王台，然后根据具体情况，采取相应的措施。

（1）互换箱位

流蜜初盛期蜂群发生分蜂热，可以把有分蜂热的强群与弱群互换箱位，使强群的采集蜂进入弱群。分蜂热强烈的强群由于失去大量的采集蜂，群势下降，迫使一部分内勤蜂参加采集活动，因而分蜂热消除。弱群补充了大量的外勤蜂，群势增强，适当加脾和蜂群调整可以成为采蜜主群。

（2）空脾取蜜

流蜜初期蜂群中出现分蜂热，可将子脾全部提出放入副群中，强群中只加入空脾，从而使蜂群中所有工蜂全部投入到采酿蜂蜜的活动中，以此减弱或解除分蜂热。空脾取蜜不但能解除分蜂热，而且因巢内无哺育负担，可提高蜂蜜产量。空脾取蜜的缺点是后继无蜂，对群势发展有很大影响，因此应注意这种方法只适用于流蜜期短而流蜜量大，并且下一个主要蜜源花期还有一段时间的情况。流蜜期长，或者几个主要花期连续，只可提出部分子脾，以防严重削弱采蜜群。

（3）人造假分蜂

将副盖板一边靠巢门板，一边靠地面。在下午将分蜂热蜂群中的蜂王囚禁好后，逐脾提出将蜂抖落在副盖板上，让所有工蜂飞行后慢慢爬回蜂箱内。次日早上再放出蜂王。这种人造假分蜂可暂时解除分蜂热。

（4）人工分群

当强群发生分蜂热以后，采用以上 3 种措施都无效时，即用

人工分群的方法，这是一项非常有效的措施。为了解除强群的分蜂热，保证生产群的群势，应根据不同蜂种的特点采取人工分群方法。

94. 什么叫盗蜂？

盗蜂是指进入其他蜂群的巢中盗取贮蜜的外勤工蜂，表现为蜂场内出现的一群蜜蜂去抢夺另一群巢内贮蜜的行为。蜂群作盗主要在本蜂场内。如果两蜂场间距离过近，相邻蜂场的蜜蜂群势相差悬殊，也可能引起蜂场间的盗蜂。

窜入他群巢内抢搬贮蜜的蜂群称为作盗群，而被盗蜂抢夺贮蜜的蜂群称为被盗群。蜂场发生被盗群，表明蜂场内已发生盗蜂。盗蜂是蜜蜂科蜜蜂属特有的种内竞争行为。蜜蜂科其他属，如熊蜂属、无刺蜂属等，没有这种行为。

95. 如何识别盗蜂？

蜂场中出现个别身体油光发黑的老工蜂，举止慌张地徘徊游荡于巢门或蜂箱前后，伺机从巢门或蜂箱的缝隙进入巢内，有的工蜂刚落到巢门板上，守卫工蜂一接近就马上逃走，这些都是盗蜂的迹象。蜂箱巢门前秩序混乱，工蜂抱团厮杀，并有腹部勾起的死蜂，则是盗蜂向被盗群进攻，而被盗群的守卫蜂阻止盗蜂进巢的现象。蜜源较少的季节，发现突然进出巢的蜜蜂增多，仔细观察，进巢的蜜蜂腹小而灵活，从巢内钻出的蜜蜂腹部充满膨胀，起飞时先急促地下垂，再飞向空中，这种现象说明，盗蜂攻进被盗群，而被盗群根本无力抵抗，无奈由盗蜂自由进出。

蜂场发生盗蜂，需要先识别出作盗群。一般来说，盗蜂多来自于本蜂场。盗蜂比较积极，往往早出晚归。在非流蜜期，如果个别蜂群出巢繁忙，巢门前无厮杀现象，且进巢的蜜蜂腹大，出巢的蜜蜂腹小，则该群有可能是作盗群。要准确判断作盗群可在被盗群的巢门附近撒一些干薯粉或滑石粉，然后在全场蜂群的巢门前巡视，若发现身体上沾有白色粉末的蜜蜂进入蜂箱，即可断定该蜂群就是作盗群。

96. 如何预防盗蜂的发生？

（1）合并弱群

最初被盗的蜂群多数为弱群、无王群、患病群或交尾群。如果初盗时控制不力，就会发展成更大规模的盗蜂。因此，在流蜜期末和无蜜源等容易发生盗蜂时，应对易被盗群进行调整、合并等处理。全场蜂群的群势应均衡，不宜强弱相差悬殊。

（2）加强蜂群的守卫能力

在易发生盗蜂的时期，应适当地缩小巢门、紧脾、填补箱缝，使盗蜂不容易进入被盗群的巢内。为了阻止盗蜂从巢门进入巢内，可在巢门上安装巢门防盗装置。

（3）避免出现盗蜂行为

在蜂群管理中应注意留足饲料，避免阳光直射巢门，非育虫期不奖饲蜂群等。蜜、蜡、脾应严格封装。蜂场周围不可暴露糖、蜜、蜡、脾，尤其是饲喂蜂群时更应注意不能把糖液滴到箱外，万一不慎将糖液滴到箱外，也应及时用土掩埋或用水冲洗。应尽量选择在清晨或傍晚时进行开箱检查，以防巢内的蜜脾气味吸引盗蜂。

97. 发生盗蜂如何管理蜂群？

发生盗蜂后应及时处理，以防发生更大规模的盗蜂。

（1）缩小巢门

一旦出现少量盗蜂，应立即缩小被盗群和作盗群的巢门，以加强被盗群的防御能力和造成作盗群蜜蜂进出巢的拥挤。用乱草虚掩被盗群巢门，可以迷惑盗蜂，使盗蜂找不到巢门，或者在巢

门附近涂石炭酸、煤油等驱避剂。

（2）单盗的止盗方法

单盗就是一群作盗群的盗蜂，只出现一个被盗群。在盗蜂发生的初期，立刻缩小巢门。如果盗蜂比较严重，上述方法无效，可采取白天临时取出作盗蜂的蜂王，晚上再把蜂王放回原群的措施，造成作盗蜂群失王不安，消除其采集的积极性，减弱其盗性。

（3）一群盗多群的止盗方法

当发生一群蜜蜂同时盗多群时，制止盗蜂所采取的措施主要是确定作盗群。具体措施有：①暂时取出作盗群蜂王；②将作盗群移位；③在作盗群原位放一空蜂箱，箱内放少许驱避剂，使归巢的盗蜂感到巢内环境突然恶化，使其失去盗性。

（4）多群盗一群的止盗方法

出现这种情况时止盗措施的重点在被盗群。具体措施：将被盗群暂时移位幽闭，原位放置加上继箱的空蜂箱，巢门反装脱蜂器，使蜜蜂只能进不能出。在空箱内放一把艾草或浸有石炭酸的碎布片，对盗蜂产生忌避作用，止盗的效果更好。盗蜂都集中在有光亮的纱盖下面，傍晚放走盗蜂。这种方法 2～3 天就能止盗，然后再将原群搬回。采用这种方法时应注意加强被盗群附近蜂群的管理，以免盗群转而进攻被盗群邻近的蜂群。

（5）多群互盗的止盗方法

蜂场发生盗蜂处理不及时，已开始出现多群互盗，甚至全场普遍盗蜂，应将全场蜂群全部迁到直线距离 5 公里以外的地方。在新址饲养 15 天后，再搬回原址。

98. 什么叫双王群饲养？

双王或者多王同箱饲养，统称双王群饲养。双王群有两种形式。

一种是用隔堵板又称闸板，将蜂箱隔成两部分，各养一群蜂，有各自巢门，称双王同箱。双王同箱群适合在温带区、高寒山区定地饲养。华北一带双王同箱越冬，有利于保温。早春蜂群发展后，再分开单箱饲养。双王同箱保存一群一王的自然蜂群单位，对蜂群影响不大，只是管理上不方便。

另一种是用隔王板分离，蜂王不能通过，工蜂可以自由通过，称双王同群饲养。使用双王同群饲养违反一群蜜蜂只有一只蜂王的生物特性，不能长期在饲养过程中采用，只有在特殊情况下才能采用，如春季繁殖时产生的过剩哺育能力。双王同群饲养是为了减少分蜂热又迅速扩大群势的一种短期饲养措施。在生产季节不宜组织双王同群饲养。

99. 组织双王群饲养需要什么特殊工具？

组织双王同箱需要隔堵板，双王同群需要隔王板。隔堵板是一块与巢箱内径大小一致的实板，安装时嵌在巢箱中间，将巢箱隔成 2 个小箱体。隔王板是用小栅闸加在上下箱体间，工蜂可以自由活动，蜂王不能通过（图 3–9）。

图 3–9 隔王板

由于单箱双王群需在箱体的中间插入隔堵板或隔王板，而标准的郎氏标准箱隔堵板两侧再各放入5张脾非常勉强，所以双王群饲养专用箱体可长出隔堵板宽度，使隔堵板两侧能够正常放入5张巢脾。笔者使用十二框箱体可以很便利地组成双王群。为了方便组织和调整蜂群，可在箱体内侧前后壁，各沿中线开一条垂直于箱底的槽，方便隔堵板或隔王栅的安装。为了使双群同箱的蜂群容易组织成双王群，可特制铁纱闸板，使双群同箱的两群蜜蜂在组织合并成双王群前群味相通。越冬期，双群同箱饲养有利于抵抗严寒，减少死亡。春季繁殖一段时间后，再分开单群饲养。

100. 如何组织双王同群?

（1）组织双群同箱蜂群

单箱体双王群是将巢箱从中间用隔堵板等分隔成2个育子区，每区各放1只蜂王。这种形式的双王群与常规的饲养方法接近，是目前较常用的双王群形式。但是，由于每只蜂王只有半个箱体的产卵空间，产卵极易受限，必须定期调整，而且每次调整子脾都需先查找到蜂王，费工费时。

（2）组织双王同群蜂群

将蜂箱用隔王板或铁纱闸板等距分隔成2个小区，每个小区分别各放入1个弱群组成双群同箱。如果两群蜜蜂群势较强，可先在一群的箱体上加上铁纱副盖，其上放1个空继箱，将另一群蜂连同巢脾提到继箱中。

单箱体双王群已满箱，可在蜂箱上方直接加隔王栅，其上再放1个空继箱；将刚封盖的子脾调整到继箱的中间，两侧放蜜脾，最外侧为隔板；巢箱内酌加空脾或巢础框，供蜂王产卵和工蜂造脾。

双箱体双王群通过铁纱副盖使群味相通后，用巢箱闸板分隔，将上下箱体的两群蜂分别调整到巢箱的2个育子区中，巢箱上方加继箱，巢箱和继箱间用隔王栅分隔。

101. 如何饲养双王群？

（1）双王群的排列

双王群的显著特点之一，就是在蜂群增长阶段的后期和生产阶段群势较强。冬季和早春，蜂群在组织双王群之前或组织后的双群同箱群势较弱。为了方便保温和节省保温材料，可以采用“一”字形的排列方式。但是，随着气温的升高和群势的发展，应在撤除保温材料的同时用逐渐迁移法使双王群形成单箱排列或双箱排列。单箱排列的箱距或双箱排列的组距应在1米以上。

（2）双王群的管理

双王群的管理主要还是避免在操作中造成失王。由于管理操作不当造成失王的原因如下。

①由于挤压致使蜂王机械损伤，或蜂王失落箱外造成失王。

②因蜂群检查不慎使蜂王落入或爬入另一区，巢脾调整时因未查找蜂王，而将带蜂王的巢脾提入另一育虫区。

③因隔堵板和隔王栅与箱体安装不严密、隔王栅的隔栅不标准或变形等发生蜂王斗杀。

④在气温较高的季节，如果巢门聚集较多蜜蜂，蜂王有可能通过巢门误入另一育虫区而发生蜂王互相斗杀的事故。

若双王群失去1只蜂王，则抽去隔王板按单王群饲养。

102. 什么叫转地饲养？

当本地蜜源结束后，将蜂群搬到几十公里至几千公里外有蜜源的地方继续生产蜂产品，叫转地饲养。几百公里转地叫小转地，又称短途转地。五百公里以上称长途转地。本地缺乏主要蜜源，完全依靠转地不断追花夺蜜生存的蜂场，称长途转地蜂场。

103. 蜂群转地前需做哪些准备？

（1）蜂量的调整

蜂群在运输过程中，同等条件下因热闷死的首先是强群，所以转运时蜂群的群势不可太强。一般来说，单箱群不应超过 8 张脾、6 框蜂，继箱群不应超过 15 张脾、12 框蜂。转地蜂场在平时的蜂群管理中，将群势发展快的蜂群中的子脾抽补给弱群；也可以采取在转运前 2 天将强弱群互换箱位的方法，使部分强群中的外勤蜂进入弱群；还可以通过在傍晚互换强弱群的副盖来平衡群势。

（2）子脾的调整

转地蜂群要保持连续追花夺蜜的生产能力，就需要有足够的子脾作为采集蜂的后备力量。但是，子脾太多同样会使巢温升高，过多的老熟封盖子脾中的蜂蛹在运输途中羽化出房，更会增加运输的危险。

转运前调整子脾，单箱群以 3～4 框的子脾为宜。子脾调整的原则为强群少留子脾，而弱群在保证哺育饲喂和保温能力的前提下可适当多留子脾。

（3）粉蜜脾的调整

蜂群在运输途中，巢内贮蜜不足还会加剧工蜂的出巢采集冲动，影响运输安全；但巢内贮蜜过多，在运输途中易造成坠脾。蜜脾不易散热，所以巢内蜜脾过多会促使巢温升高。因此，蜂群在转地途中应贮蜜适当。巢内的贮蜜量，应根据蜂群的群势和运输途中所需的时间来确定，一般情况下，群势达 12 框的蜂群，运输途中需 5～7 天，每群蜂贮蜜应 5～6 公斤。

如果全场蜂群贮蜜普遍不足，应在转运前 3 天补足，不可在临近转运时再补饲糖液或蜂蜜，以免刺激工蜂在运输途中产生强烈的出巢冲动。巢内如果有较多的刚采进的花蜜，则应在转地前取出。在蜜脾调整的同时还应注意粉脾的调整，特别是子脾较多的双王群更容易缺粉。

（4）添加水脾

在外界气温较高的季节转地，蜂群离场前可根据具体情况在蜂箱中添加水脾，以供在运输途中调整巢温和食用。添加水脾的方法是将清洁的饮用水灌入空脾，然后将水脾放在继箱中巢脾的外侧。以后在途中放蜂时，最好将水脾再补灌 1 次水。

104. 转地蜂群的巢脾如何排列？

巢脾排列时，将子脾放在中间，粉蜜脾放在两侧。生产季节转运，一般气温较高，蜂群的群势也较强，采用封盖子脾和未封盖子脾交错排列，以利于巢内的热量平衡。在气温不是很高的季节运蜂，将继箱和巢箱中的巢脾都靠向一侧（图 3–10a）；如果气温很高，为了加强巢内散热通风，即将继箱中的巢脾分左右两侧排列，使继箱中间留出空位，便于蜂箱的前后气窗通风（图 3–10b）。继箱群的巢箱内放 1 张带有角蜜的空脾，以供蜂王

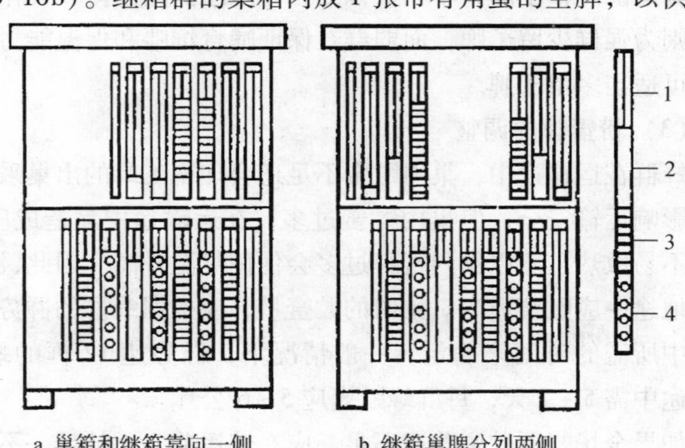

a 巢箱和继箱靠向一侧　　b 继箱巢脾分列两侧

图 3–10　转地蜂群巢脾排列（引自周冰峰）

1. 粉蜜巢房　2. 空巢房　3. 封盖子巢房　4. 卵虫巢房

在运输途中产卵。卵虫脾放在巢箱，以增强工蜂的恋巢性。将老熟封盖子脾放入继箱，让它在转运途中陆续出房，使进场后的蜂群中有充足的哺育蜂。

105. 转地前巢脾和箱体如何固定？

转运前应将巢脾、隔板、副盖与蜂箱，继箱与巢箱固定连接起来，以防在长途运输过程中因颠簸松散，使巢脾、箱体相互冲撞造成蜂王受挤压伤亡。因此，巢脾和箱体是否固定，直接影响运输过程中蜂群的安全。

（1）巢脾的固定

巢框侧条或上梁有蜂路卡的巢脾固定比较方便。在固定时先将巢脾推紧，再用手钳把长约 40 毫米的铁钉旋压入外侧巢脾的框耳处，把这张巢脾钉固在前后箱壁的框槽中。然后，用起刮刀将中间的蜂路撬大，塞入 1 个较厚的蜂路卡。在其余巢脾的两端每间隔 1 个巢脾，各压入 1 枚铁钉。

没有蜂路卡的巢脾，在装钉前要先准备好木块蜂路卡。常用的木块蜂路卡是一种长 25 ~ 30 毫米、宽约 15 毫米、厚约 12 毫米的小木块。在小木块的上端钉 1 根 10 ~ 15 毫米长的铁钉，铁钉钉入木块 1/2。木块蜂路卡的厚度应稍有不同，以便在调整紧固巢脾时有所选择。用这种蜂路卡固定巢脾的方法是：在每条蜂路的近两端，各楔入 1 个稍薄的蜂路卡，将所有的巢脾向箱壁的一侧用力推紧，并立即在最外侧巢脾的两端框耳各压入 1 枚铁钉固定。然后，用起刮刀或手钳将中央那条蜂路撬宽，并在这条蜂路中间塞入 1 个较厚的蜂路卡（图 3–11），同时取出原来较薄的蜂路卡。同样，最后每隔 1 张巢脾都用铁钉固定两端框耳，现在市场上出现一种连卡，将蜂路卡按距离一头固定在一条长条上，长条的长度与巢箱内径一致。每箱用 2 条连路卡一按即可将巢脾固定。隔板可用同法固定在巢脾的外侧，也可用寸钉固定在蜂箱的内侧壁。

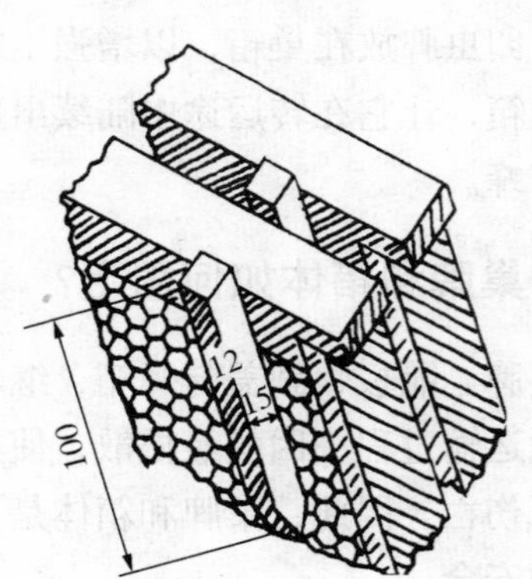

图 3–11　用木块蜂路卡固定巢脾（单位：毫米）

（2）巢箱与继箱的连接固定

巢箱与继箱在连接和固定时每个继箱群需要 4 根连箱条。连箱条是长 300 毫米、宽 30 毫米的木条或竹条。每根连箱条各钻 4 个小孔。在蜂箱的前后或左右外壁各用 2 根连箱条按“八”字形用铁钉固定在巢箱与继箱上，最后用直径约 10 毫米的绳子捆绑，以便转地时搬运。

（3）副盖固定

将 2 根长约 40 毫米的铁钉在副盖近对角处钉入，将副盖固定在蜂箱上。如果副盖不平整，还需适当多加钉几根铁钉加固。为了方便到达场地后拆除包装，在钉铁钉时应留出 3 ~ 5 毫米的钉头。

106. 何时关闭转地蜂群的巢门？

在傍晚工蜂归巢之后，或在天亮前工蜂尚未开始出巢活动时关闭巢门。如果由于天气炎热，许多工蜂聚集于巢门前不进巢，可采用喷水或喷烟的方法将这些工蜂驱入巢内。有时需要在工蜂尚未全部归巢时就装车转运，为了减少外勤蜂的损失，可先将强

群的巢门关上并立即搬离原箱位，使采集归巢的强群外勤蜂投入弱群，最后关闭弱群巢门。除寒冷季节外，关闭巢门后一般应立即打开通气纱窗。

107. 车厢里如何摆放蜂群？

1 辆汽车装运蜂群的数量应根据汽车的吨位和车型而定。蜂箱装车的高度，距离地面不能超过 4 米。因为运行中的汽车前部比后部稳，所以装蜂的蜂箱应尽量在车厢的前中部，车厢后部堆放杂物。装车的顺序应是先装前面，再装后面；先装蜂群，后装杂物；先装重件，后装轻件；先装硬件，后装软件；先装方件，后装圆件或不规则件。蜂箱的巢门应朝向前进的方向。由于车厢结构尺寸的限制，少量蜂箱巢门也可以朝向侧面。蜂箱互相紧靠，不留缝隙。强群应放在较通风的外侧，弱群放在车厢的中间。蜂箱全部装上车后，必须用粗绳将蜂箱逐排逐列地横绑竖捆，最后还需用稍细的绳索围绑成网状。蜂箱捆绑一定要牢固，否则会影响运输安全。

汽车的拖斗震动很大，最好不用其装运蜜蜂。如果非用汽车拖斗运蜂不可，就一定要多装、装实，并捆绑牢固，切忌少装而分散，也不能装载过高。拖拉机运输蜜蜂与汽车拖斗相同。在平坦公路上，几十公里范围内，蜂群在拖车上固定好后即可转运。到目的场地后，一部分蜂群留在拖车架上，一部分搬到地上饲养。养蜂员生活在车厢内。

108. 蜂群转地途中如何管理？

依据有关部门规定：只能使用汽车车厢运输蜜蜂。

（1）保持蜂群的安静

由于巢门是关闭的，应保持蜂群的安静，以减少工蜂的出巢冲动。因此，尽量避免强光刺激，保证巢内饲料充足，及时饲水，加强通风，防止巢内高温、高湿、缺氧。为了免受强光刺激，尽量在夜晚运蜂。夜晚蜜蜂没有出巢冲动，且气温也比白天低，此时运蜂比白天相对安全。白天运蜂应尽量选择阴雨天。如果运输途中光线很强，则需采取遮阴措施。当傍晚夕阳直射蜂箱的纱窗时，将受太阳照射的纱窗暂时关闭，等太阳落山后再打开纱窗通风。

运输途中，由于巢门关闭，或者使用铁纱巢门，工蜂都无法出巢排泄。运输时间越长，工蜂出巢排泄的冲动就越强，因此，长距离运输途中进行临时放蜂。第 1 次临时放蜂应在装车后 36 小时进行，以后每 48 小时放蜂 1 次。途中临时放蜂采用环形排列，即将蜂箱排列成方形或圆形，巢门朝内。临时放蜂结束后，注意工蜂有无偏集现象，若发生偏集，则必须在再次装车前进行调整。

在装运前对蜂群适当喷水。运输途中，时刻注意蜂群的变化，一旦发现蜜蜂出现不安的迹象就要立即喷水。给蜜蜂喷水的原则是多次少量。喷水可用喷雾器将清洁的水从纱窗喷入。

用冷藏车或冷藏船运蜂，弱群装在里面，强群装在外面。装运前，先将车厢或船舱的门窗关严，制冷；停机后，迅速将蜂箱装入，立即关严门窗，再打开制冷机，使蜂群的环境温度保持在 5℃左右。

（2）保证饲料优质充足

在蜂群运输过程中，始终保证蜂群内有足够的饲料。如果蜂群缺蜜，及时采取措施补救。在临启运前发现巢内饲料不足，可采用白砂糖吊袋补饲法，即用粗孔蚊帐布制成 190 毫米 ×110 毫米的布袋，每袋装入 0.6 ~1.0 公斤的白砂糖，并封口，然后在净水中浸一下立即取出，滴尽净水，在装车前 1 小时挂在巢内箱侧壁上，最后用小铁钉和细绳固定糖袋。若在途中发现个别蜂群缺饲料，可在夜晚从巢门塞入白砂糖或剥去包装纸的硬水果糖，

然后喷洒些清水；也可以用脱脂棉浸浓糖浆放在铁纱副盖上饲喂。

蜂群在转运期间不允许巢内有低浓度的贮蜜，所以，在转运之前决不能给蜂群饲喂低浓度的糖液。如果巢内有刚采进的稀蜜，应该在转运装钉前取出，以防造成运输期间巢内高温高湿。

（3）避免工蜂激怒

蜜蜂在运输途中，尽量避免剧烈的震动。在装车后，要将蜂箱捆绑牢固，以防在运输途中因震动造成蜂箱之间松散、互相碰撞和倒塌。运蜂车在路面不好的路段行驶时，应将车速放慢，减少震动。

（4）解救危急蜂群

蜂群装车后，随时注意观察强群的情况，若发现工蜂堵塞纱窗或工蜂用上颚死命地咬铁纱并“滋滋”作响，且散发出一种特殊的气味，而用手摸副盖和纱窗时觉得很热，这就意味着该群蜜蜂已有闷死的危险。出现这种情况，立即把蜂箱搬到通风的地方，打开铁纱副盖或巢门。如果受闷严重，来不及将蜂群搬出，可立即打开巢门或捣破纱窗，尽快放蜂，以免全群闷死；也可以将蜂箱大盖打开后，向巢内大量浇水，蜜蜂淋浴后落到箱底，水从巢门缝流出，使巢温迅速降低。

汽车运蜂，最好在傍晚起运，中途尽量不停车。若运蜂途中停车，也应停放在通风阴凉处，并尽量缩短停车时间。到达放蜂场地后，应立即组织卸车，并迅速将蜂群排放安置好，尽快打开巢门。

在汽车运输途中，万一发生长时间堵塞、汽车故障、交通肇事、驾驶员急病等汽车不能正常行驶的情况，应立即将蜂群卸下，巢门背对公路排列在公路边上，打开巢门临时放蜂，放蜂应防止工蜂偏集。

109. 如何将蜂群卸下车?

运蜂车到达放蜂场地，将蜂群从车上卸下，先卸强群，后卸弱群，迅速排列好。随即向纱窗和巢门踏板喷洒清水，关闭纱窗，等稍微安静后再打开巢门。在高温季节卸下蜂群后，应密切注意强群的动态，发现有受闷的预兆时，应立即撬开巢门进行施救。汽车停靠地点应稳固，避免在卸车过程中解开绳索后车体晃动跌落蜂箱。

110. 到新场地如何检查蜂群?

到新场地逐步摆好蜂群，然后先后打开巢门。巢门开小勿大有利于工蜂拥出后认巢。开巢门后，经过5~6小时正常出勤，就可以开箱拆除装钉，然后进行蜂群的全面检查。检查的主要内容包括蜂王是否健在、子脾的发育、群势大小及饲料贮存等。检查之后要及时对蜂群进行必要地调整和处理，如合并无王群、调整子脾、补助饲喂、组织采蜜群、抽出多余巢脾等。

111. 长途转地的蜂场如何管理?

长途转地是为了连续追花采蜜获高产。基本上都是早春出外放蜂，入冬回到原驻地。长江以南地区入冬回原地，蜂群按早春管理；长江以北地区回到原地，蜂群应根据当地气温情况进行越冬管理。

长途转地放蜂在转地区要采集春季、夏季、秋季蜜源。不同季节、不同地形的蜜源植物流蜜状况不同。事前必须有详细了解，以免扑空。因此，初学者不要盲目地转地放养，必须跟随老养蜂员熟悉路线、放蜂地人文、蜜源情况后，才能单独放蜂。

（1）规划转地放蜂路线

长途转地放蜂，需要规划放蜂的路线，即一个蜜源接一个蜜

源地放养才能获得好的经济效益。一般是黄河以北地区的蜂群，早春到云南、广西采油菜，夏季回北方采洋槐、荆条、椴树，秋季到内蒙古采向日葵、荞麦。长江以南的蜂群采完油菜、紫云英后，向北赶洋槐、荆条、椴树，向西赶狼牙刺、青海油菜、新疆棉花、河南荞麦后回到原地。转地之前，应对目的地的蜜源、地形、人文等情况了解清楚后再转运蜂群。

（2）转地蜂群的管理

转地蜂群的管理应以保持强群，提高蜂蜜、蜂王浆、蜂花粉等产品的优质高产为中心。维持强群是手段，提高产量是目的。转地养蜂与定地养蜂的最大不同就在于主要蜜源的连续性。因此，转地蜂群管理，既要提高蜂蜜、蜂王浆等产品的产量，又要适时培育适龄采集蜂，为下一个流蜜期的生产培养后备力量。

不同花期的蜂群管理，应根据天气、蜜源、蜂群及下一个放蜂场地蜜源的衔接等因素综合考虑，制订方案。群势和蜂蜜生产的关系，在同一花期的不同时期也有所不同。一般来说，在花期较长的蜜源场地或几个蜜源花期紧紧衔接的情况下，刚进场时，巢箱少放空巢脾，适当限制蜂王产卵，还可以从副群中抽取正在出房的封盖子脾加强采蜜群的群势。但不能将副群中的卵虫脾与继箱群中的空脾对调，以免造成采蜜群中哺育蜂负担过重和蜜源后期新蜂大量出房，影响转地安全。

在流蜜期中，巢箱中放入 1 张空脾或正在出房的封盖子脾，以供蜂王产卵。此时若为采蜜主群补充采集蜂，可移走主群旁边的副群。蜜源后期，巢箱中调入 2 张空脾供蜂王产卵。在转运前，需加入 1~2 张可供蜂王产卵并有部分粉蜜的巢脾。这样管理的蜂群，有利于蜜源流蜜前中期蜂群集中生产，后期促进群势维持和增长，以保证下一个花期的生产。

在流蜜期取蜜，一般只取继箱中的成熟蜂蜜，最好不取巢箱中的贮蜜。在流蜜后期则应多留少取，使蜂群中有足够的成熟蜜脾，以利于运输的安全。

长途转地饲养的蜂群，需要培育更多的工蜂，所以蜂王更容易衰老。因此，在管理中除了合理使用蜂王外，还需每年在上半年和下半年粉源充足的花期各培育一批优质蜂王。

112. 春季如何管理蜂群？

由于我国春季南北及东西气温相差很大，故对蜂群的饲养管理措施也不同。这里的饲养管理措施只适用于温带地区和冬季气温在 −5 ℃以上的高寒山区。

（1）缩小蜂巢

早春蜂巢中巢脾过多，空间大，工蜂分散，不仅使蜂王因找巢房产卵爬行浪费时间和精力，影响产卵速度，也不利于保温、保湿。蜂与脾的关系，以每框巢脾两面布满蜜蜂为“蜂脾相称”；边脾能见到一半以上巢脾为“蜂少于脾”。要求第 1 次开箱检查蜂群时，抽出多余的空脾，达到蜂多于脾的程度，并缩小蜂路到 12 毫米左右。

（2）双王同箱饲养

早春繁殖期，强群有足够的哺育蜂，可以单群独立发展。弱群的哺育蜂少，保温能力差，发展慢。可以把相邻的蜂群合并为同箱双王群，各留 1 只蜂王产卵，有利于保温、保湿和子脾发育。

（3）加脾造脾

早春蜂王产卵正常以后，除了采取割开蜜盖、子脾调头等方法扩大产卵圈以外，根据蜂群情况适时加脾，是加速繁殖的重要措施之一。

繁殖初期蜂多于脾的蜂群，当子脾上有 2/3 的巢房封盖，或有少数蜂出房时加第 1 框脾；群势强的，在子脾面积达巢脾总面积的七八成时加脾；群势弱的，待新蜂大量出房时加脾。在加第

1 框脾时，由于外界气温还不稳定，蜜源稀少时，需添加蜜、粉脾或人工补喂蜜、粉。蜂群发展到 5～6 框时，如巢脾两角的蜜房沿发白或有赘脾时，可加巢础框造脾。蜂群发展到 7 框以上时，如已进入流蜜期，并有自然分蜂的预兆，就应提前加继箱。在一般情况下（双王群例外），蜂群发展到 8～9 框时，可暂缓加脾。发展到蜂、脾相称或蜂多于脾时，再加继箱。

（4）注意保温

春季气温波动大，不能立刻拆除过冬包装，应逐步拆除部分包装物。例如，北京山区直至 5 月才完全拆除各种包装物。此外，晴天的中午要适当开大巢门，早晚或天冷时要随时缩小巢门，大小以工蜂出入不拥挤为宜。

（5）喂饲蜂群

早春进行奖励饲喂能促进蜂王产卵，刺激工蜂出勤采集。当蜂群中虫脾较少时，消耗饲料尚少，随着虫脾面积的扩大，就要消耗相当多的蜂蜜、花粉、水和无机盐。应及时插入 1 框蜜、粉脾，提出其他多余的空脾。

（6）生产王浆

春季平均气温在 15 ℃以上，外界有粉源和零星蜜源就可以组织王浆生产，生产期间进行奖励饲养。

我国亚热带地区，冬春季气温较高，没有断子越冬期，早春可按一般繁殖期管理。

113. 夏季如何管理蜂群？

（1）防暑

夏季日光照射下，特别是午后西向的日照，蜂箱表面的温度常比气温高出 10 ℃左右。因此，蜂箱不宜直接暴晒在日光下。由于忽视遮阴工作，轻的也迫使工蜂剧烈地扇风散热，因而大量消耗饲料，巢内贮蜜常在短期内耗尽，蜜蜂寿命也有所缩短。严重时会造成蜂巢、巢脾毁坠，幼虫及封盖蜂子受热而死亡和新蜂卷翅等症状。

防暑措施：给蜂箱遮阴和在箱盖上铺稻草、麦草；蜂箱切勿放在水泥地面或朝西南墙脚边；把蜂箱置放在泥草地上，或者移放于树荫下，有条件的可搭凉棚。同时应注意蜂箱的通风，要打开箱盖窗或错开箱盖，扩大巢门等。当蜂场地面温度达到 35 ℃以上时，可多给蜂群喂水，必要时在 1/2 纱副盖上覆湿毛巾，以及在巢箱外部喷水，以降低箱内的温度。

（2）防敌害

夏季蜜蜂的主要敌害有胡蜂、巢虫、蟾蜍、蜘蛛、蚂蚁、蜻蜓等，山区以胡蜂为多，平原地区以蟾蜍为多。防胡蜂可安置防护栅，安置防护栅后，胡蜂不能进入栅内接近巢门，捕食不到蜜蜂。蜜蜂能经防护栅自由出入蜂巢，长期放置也不影响蜂群的正常生活。防巢虫则需保持巢内蜂脾相称，箱底板上的蜡屑、死蜂要经常清扫等。通常将蜂箱垫高 10 ~ 15 厘米以防蟾蜍，并经常捉除。

114. 北方的夏季如何管理蜂群？

夏季是黄河以北地区的枣树、乌桕、芝麻、棉花、草木樨、荆条、椴树等主要蜜源植物开花期，是养蜂的主要生产季节。

为了能保持强群采蜜，必须注意做好蜂群的复壮工作。箱内应留足食料，更换产卵差的老劣蜂王；对弱群要进行合并。此外，可采用强群和新分群互换巢脾来调整群势的方法，即把新分群的卵脾、小幼虫脾，调到强群中去哺育；同时，把强群中已出房 60% 的老封盖子脾补充给新分群，以充分发挥强群的哺育力和新分群蜂王的产卵力，促使蜂群迅速强壮。这样就能提高蜂群越夏期间调节巢内温、湿度的能力。与此同时，还要做好防治蜂螨的工作。这时蜂螨比较集中在雄蜂房内繁殖，每箱搭配 1 ~ 2

框有部分雄蜂房的巢脾，待雄蜂房封盖后，将整片雄蜂房清除干净。

随着外界气温不断上升，大量工蜂会外出采水和扇风，以此来调节巢内的温、湿度，同时容易出现工蜂离脾、蜂王停止产卵和卵不孵化及大量出房的新蜂爬出箱外死亡等现象。解决这个问题的方法是：当气温升高到 35 ℃以上，尤其是中午太阳直射，继箱中的蜜蜂受高温影响明显地向下部巢箱集结时，应保证蜂群有通风和遮阴的条件，并在纱副盖上加盖 1 ~ 2 块浸透清水的麻袋布。

115. 秋季如何管理蜂群?

秋季管理的主要任务是为蜂群越冬做准备。

（1）提高蜂王产卵量

秋季到来，必须进行奖励饲喂，促使工蜂多采集花粉、蜂胶及零星蜜源，扩大蜂巢，促进蜂王产卵。长江以南地区，可在 9 月培育一批蜂王，更替产卵量低的劣质蜂王。

更换蜂王前，必须对全场蜂王进行一次鉴定，分批更换。对换下来的蜂王，可带一小部分蜜蜂组成小群进行繁殖，利用它们在培养越冬蜂中产一批蜂子，停产时再淘汰。

（2）培育越冬蜂

只用于冬季最低平均气温在 0 ℃以下地区。

越冬蜂群，对于蜂群能否安全越冬和下一年生产的影响很大，群势不能过弱或过强。越冬蜂群必须用秋季培育出的幼蜂更新原有的工蜂。这些幼蜂由于没有参加过采集、酿蜜和哺育工作，它们的各种腺体保持着初期发育状态，经过越冬以后仍具有哺育能力，所以是翌春蜂群繁殖的基础。羽化出房的幼蜂，后肠里积有粪便，只有在飞行时才能排泄掉。如果在秋季出房的幼蜂没有排泄，它们就不能安全越冬，还会影响整个蜂群越冬。因此，在培育越冬蜂时，到了一定的时候要迫使蜂王停止产卵。例如，在西北地区，蜂王停止产卵的时间宜在9月中下旬，使最后一批幼蜂能在10月中旬全部出房，以便它们在越冬前来得及飞行排泄。在浙江省，蜂群在11月中旬至12月上旬应迫使蜂王停产，这样出房的新蜂在晴天都能飞出排泄。

若用双王同箱越冬，每群5脾，3～4框蜂。单王群可7～8脾，5～6框蜂。

（3）储备越冬饲料

优质白糖是蜂群的越冬饲料，不能用甜菜制成的白糖、劣质白糖、红糖作为越冬饲料。白糖加25%～30%的水，用文火化开煮沸10分钟，冷却后饲喂，连续饲喂4～5天。越冬饲喂结束后，提起蜂箱后沿，提重感很强即巢内存饲料约20公斤，即够蜂群越冬食用，若很轻且不足20公斤，应继续饲喂。

喂蜂要在傍晚工蜂停止活动后进行，用饲养器比较方便些。如果饲养器不够用也可以灌脾，灌脾时可以用洒水壶或漏斗。用巢脾灌蜜喂蜂的优点是蜜蜂吃得快，不会被淹死。缺点是喂到差不多时，工蜂不往里边的巢脾上搬，而是在灌蜜的脾上搬来搬去。发现这种现象之后要把灌的蜜脾和蜂群里的巢脾距离放宽或放在木隔板的外边。无论用什么办法喂蜂，最好以一夜搬完为宜，以免引起盗蜂。

越冬饲料要集中在5天内喂完。喂完越冬饲料后，部分老蜂因劳累过度而提前死亡，有的群蜂数会有所下降，要在蜂群未结团前做一次全面检查。查蜂脾是否相称：蜂群结团后如果边脾的蜂过多，可以在中间加1～2.5框蜜脾；如果中间脾有空巢房，也可以贴着边脾加1框蜜脾。中间的巢脾必须有部分空巢房，这样对蜂群结团有利。顺便清理箱底和框梁上的蜡渣，以便于冬季管理。北京郊区和浅山区蜂群越冬蜜的标准是平均1框蜂2～2.5公斤越冬饲料，越冬群按3框蜂计算需7.5公斤越冬饲料；

深山区越冬期长和继箱群越冬蜜要多一些，发现存蜜不足要及时调整。包装时在蜂团附近加 1 ~2 框蜜、粉脾，对第 2 年春季蜂群繁殖十分有利。

优良的蜂蜜，大部分被蜜蜂消化吸收，后肠积粪少。如果白糖的质量差，不被蜜蜂消化的物质多，后肠积粪多。过多的粪便使蜜蜂不安，不能很好结团，严重时还会下痢。因此，容易结晶的蜂蜜及质量不好的甘蔗糖、甜菜糖都不能作为蜂群的越冬饲料。

从经济利益考虑，应尽可能将蜂群内的蜜取尽，用价格便宜的白糖取代蜂蜜供蜂群越冬和断蜜源期食用。从蜂群管理上考虑，如果将群内蜜全取尽，容易引起盗蜂发生、蜂王产卵量急降等问题。因此，养蜂员要掌握适度。

在最后一批封盖子脾出房前 10 天结束越冬饲喂，新蜂出房后不参加酿蜜。为便于饲喂蜂群里的蜜、糖的水分蒸发，晚上喂蜂时要把巢门放大一些，早晨蜂群活动前再把巢门缩小，防止盗蜂侵入。

（4）防治蜂螨

秋季蜂群群势下降，子脾逐渐减少，因此蜂螨寄生于每个封盖子房中的密度增加，蜂体寄生率相对上升。尤其是小蜂螨，这时危害更为猖獗。所以，在秋季必须彻底治螨。秋季治螨一般分两步进行。

第 1 步，在 8— 9 月进行，结合秋季育王，在组织交尾群时提出封盖子脾，使原群无封盖子脾，并先对原群用药。待新群（交尾群）子脾出房，蜂王交尾成功，所产的卵孵成幼虫以后，再对新群进行治疗。

第 2 步，在蜂群进入越冬并自然断子初期（各地断子始期不一），于 9—12 月进行药物治疗。秋季治螨务求彻底、干净。否则，蜂群越冬不安静，死亡率高，来年螨情发展快。秋季治螨必须注意两点：第一，用药前先喂蜜，以增强蜜蜂抵抗力，同时蜜蜂食蜜后腹部伸长，躲藏在腹部节间膜里的蜂螨暴露，能充分发挥药效。第二，在人为断子时，蜂群中必须留虫、卵脾，至少有卵脾1框。因为在蜂群无子情况下，用药治螨可能使蜂王停产，影响培养越冬蜂。巢内有虫、卵脾，可刺激工蜂继续工作，提高蜂王产卵的积极性，并有利于保持蜂群中各龄蜂的比例。

（5）控制盗蜂

秋季蜜源终止时，容易发生盗蜂，蜂群摆放不能过密，并适当缩小巢门。喂饲、检查等工作应在早晚进行，箱外蜜迹及沾有蜂蜜的蜂具要处理干净。尤其是带蜜的巢脾和盛蜜容器等要严密封盖后放在室内阴暗处，勿使盗蜂钻入。

116. 室外越冬如何管理蜂群?

冬季最低气温高于 –20 ℃以上地区，采用室外越冬的管理。

（1）蜂群的准备

越冬蜂群群势：单王群3～6框蜂，双王继箱群7～8框蜂，3框蜂以下的弱群组织双王巢箱群越冬。布置蜂巢时，单王群半蜜脾放中间，大蜜脾放外侧；单箱体双王群半蜜脾放隔离板两侧，大蜜脾放半蜜脾外侧；继箱群在巢箱放半蜜脾、空脾，继箱放大蜜脾。一般多放1～2框脾，使蜂少于脾，但蜂巢内要有2～3框巢脾大的空间，以便蜂团伸缩和气体交换。

（2）越冬包装

当平均温度降到0 ℃以下开始包装。北方越冬蜂群，箱内只在副盖上覆5～6层吸水性良好的纸或覆布，并将纸或覆布折起一角，防止蜜蜂受闷。箱外包装可以20～30群为一组，也可以8～10群为一组或2群为一组。20～30群成排的大组包装有利于保温。为防止春季蜂群开始活动后发生偏集，可以用不同颜色或新、旧蜂箱间隔着放。也可以采用长排分组的办法，隔3～4群

放1只空蜂箱。

10月下旬，蜂群已进入断子期，为了减少工蜂因大量活动而造成体力和饲料消耗，可用草帘遮盖蜂箱（图3-12a）减少巢内昼夜温差，等到“小雪”前后才进行箱外包装。包装时草帘把蜂箱左右和后面围住，也可以用土坯、秸秆、玉米秸等夹成圈，外面抹一层泥，蜂箱周围和两个蜂箱之间塞上草，上面再盖草帘。箱底垫草15~20厘米（压紧），蜂箱周围塞草10~15厘米，并要塞实。蜂箱前壁（留出巢门）也用草帘包上（图3-12b）。巢门前用土培一个斜坡，把垫箱底的乱草压住，以防止刮风时树叶堵塞巢门。

①一条龙排列蜂群（图13-2c）：按蜂群数量前后排列成数行，蜂箱放在朝南屋前面10余米空旷泥草地上，通风良好，箱底垫草厚3~5厘米，各箱之间塞草束，箱盖覆草片。箱前斜靠草片既遮光控飞，又预防盗蜂。夜晚及低温阴雨雪天，用无毒薄膜从箱底翻覆箱盖。晴天将薄膜掀到箱后。箱内副盖上覆草帘，每行最外侧的蜂箱，箱内外侧填放部分草束，其他各箱内隔板外不加保温物。单王群3框蜂紧脾后留1脾放箱内侧，双王群4~6框蜂紧脾后每只蜂王各留1脾。放蜂巢中间隔离板的两侧，加脾时蜂路为12~14毫米。巢门口对着巢脾（长江中下游地区气候潮湿，巢门口对着巢脾，以利排湿；北方早春气候干燥，气温低，巢门宜开在靠边些）。注意温差，随时调节巢门大小。

②双箱并列或3~4箱并列蜂群：各箱空隙塞草，箱底垫草厚3~5厘米，副盖覆草帘，箱内用隔板分成暖区（产卵区）和冷区（饲料区），即箱内侧壁与隔板之间塞草，放1脾供蜂王产卵，外侧隔板外放1框蜜粉脾，无保温物，往后扩巢加脾时，先把冷区的巢脾加到暖区，冷区再补加蜜粉脾，依次加脾。

（3）调节巢门

蜂群结团后，进入越冬期，各群的巢门只留6~7毫米高，

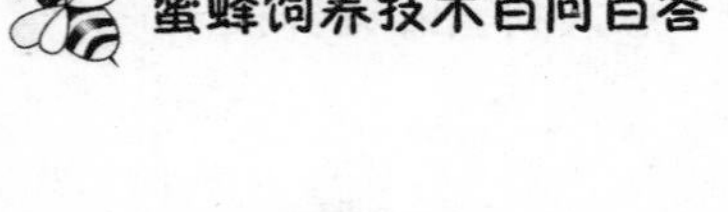

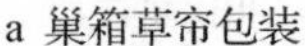
a 巢箱草帘包装　　　　b 加继箱草帘包装

c 蜂场越冬状况(引自周冰峰)

图 3–12　蜂群越冬

防止老鼠钻进去为害。巢门宽度，弱群双群同箱群留 60 ~70 毫米，中等群（单箱）留 80 ~90 毫米，强群（继箱群）留 50 ~60 毫米。蜂箱里面空间大，巢门可留小一点；空间小，巢门则留大一点。蜂群越冬期间，由于巢门小而发生问题的较多，因巢门偏大而发生问题的反而少。用铁丝钩每半月掏 1 次死蜂，以防死蜂堵塞巢门。

（4）越冬期的箱外观察

在越冬期间，无特殊情况不能随便开箱检查蜂群，根据箱外观察来判断箱内情况。

①失王：蜂群越冬期间，有时也会发生失王现象。蜂群失王以后，晴暖天气的中午会有部分工蜂在巢门内外徘徊不安和抖

翅。开箱检查，如果失王，则诱入贮备蜂王，或与弱群合并。

②缺水：蜂团在越冬期间吃了不成熟或结晶的饲料，能引起工蜂“口渴”。其表现是散团，巢门内外有一部分工蜂表现不安。用洁净的棉花或纸蘸水（水内不能加糖或蜜）放在巢门口试一下，如果有工蜂吸水，则说明不安是由缺水引起的。对于这样的蜂群，要及时用成熟的蜜脾，没有蜜脾可将蜂蜜（不加水或只加2%～3% 的水）用文火煮开，灌脾，将箱内的蜜脾换出来。

缺水与失王表现的区别是：失王是个别群，缺水是多数群；失王群的工蜂抖翅不采水，缺水群的工蜂采水不抖翅。

③缺蜜：越冬后期，在一般蜂群很少活动的情况下，如果有的蜂群的工蜂不分好坏天气，不断地往外飞，则可能是箱内缺蜜。对于这样的蜂群，在气温高的中午开箱检查，如果缺蜜，则加进蜜脾，抽出空脾，依旧做好包装。没有蜜脾，可以将熟蜜1 份、白糖 4 份混合揉成糖棒，插入蜂团中心喂饲。

117. 室内越冬如何管理蜂群?

冬季最低气温降到 －20 ～ －30 ℃的地区，即采用室内越冬(图 3–13)。

图 3–13　东北地区蜂群室内越冬（引自周冰峰）

（1）越冬室设备

越冬室墙壁、天花板及双重门，应具有良好的保温性能。越冬室应装有出气和进气的通风气筒，进气筒的下口近地面，并可调节温、湿度。室内完全黑暗，避震防湿。地下水位离地表超过3.5米的干燥地段，可设计地下越冬室。地下水位离地表超过2.5米的，可设计半地下越冬室，露出地面的墙，再堆土保温。如地下水位离地表不到2.5米，应设计地上越冬室，加厚保温墙。越冬室高度一般约2.5米。宽度根据放置蜂箱的排数而定，放2排蜂箱宽约2.7米，放4排的4.8～5.0米。长度按放置蜂箱数而定。蜂箱宜摆放在高约0.4米的木架上，每个箱位可摆放蜂箱3～4层。下放强群，上放弱群。住宅下面的地窖或仓库也可改造成越冬室加以利用，但必须洁净、干燥、无异臭。

（2）蜂群入室时间

蜂群尽可能地利用最迟的温暖天气做入室前最后一次飞行排泄。蜂群入室过早，常使蜜蜂闷热不安，造成损失。一般在气温－4～－5℃，或见冻土5～6厘米深，寒冷已经稳定，但大地尚未积雪前入室，先入弱群，后入强群。

（3）入室后管理

①防热：室温要经常保持在－2～0℃，过热多发生在入室的初期和后期，受热不安的蜂群，可暂时抬出室外。越冬室的温度上升，会形成大量的湿气，使巢脾生霉，蜂蜜吸湿变稀溢出，且会发酵变酸，引起蜜蜂下痢死亡。时间长会产生大量湿气，要趁中午或天暖时扩大通气筒活门排除湿气。室内如有挂霜处，是漏风引起的，要修补好；间接以火加温时，要注意防火和煤气中毒。

②防潮湿：越冬室内的相对湿度宜保持在75%左右。防湿的措施：入室前把室内风干或烤干，地面铺一层干燥的砂子、木屑或炉渣，越冬饲料要用成熟封盖蜜脾，缩小巢内空隙，蜂蜡、

蜂胶黏着多的覆布要煮沸洗涤再用。蜂群入室后如发现湿度大，要适当提高室温及通风排湿，或用草木灰、干木屑等吸湿。

③防光线：室内要保持完全黑暗，在通气筒下 30 厘米处应挂 1 块挡光板，检查蜂群时手电筒用红布蒙上，以防刺激蜜蜂活动。

④防震动：越冬室内需要绝对安静，在正常情况下越冬蜜蜂是不排粪的，时间越长越难忍受。因此，任何惊动都能引起下痢，只要个别蜜蜂开始下痢，就会引起其他蜜蜂下痢，死亡严重。所以出入动作要轻，如非必要，不必开箱。

入室的前 2 个月，蜂群比较安静，每月只需进室查看 2～3 次。越冬后半期及开始融雪时，每 2～3 天查看 1 次。临近出室时要天天检查。

（4）听诊

用听诊器或橡皮管从巢门伸入巢内，听到声音均匀，用手指轻弹蜂箱，蜂团即发出“唰唰”的响声，且很快消失，是正常现象。箱底有蜂活动，并发出“呼呼”的声音，说明巢内过热，要降温。蜂团很紧，发出一种“唰唰”的声音，说明巢内过冷，要保温。如有骚动声，工蜂往外爬、往外飞，是干燥口渴的表现，要立刻调节室内湿度；如声音经久不息，蜂团散开，是缺蜜或蜜结晶所致。根据听测的情况，养蜂员要及时对越冬室的条件进行调整。

118. 意大利蜜蜂有哪些病害？

①病毒性病害：麻痹病，囊状幼虫病。

②细菌性病害：欧洲幼虫腐臭病，美洲幼虫腐臭病，痢疾（拉痢）。

③原生动物孢子虫病害：孢子虫病。

④真菌体病害：白垩病。

以上病害中，美洲幼虫腐臭病最难治，痢疾最易治。

119. 麻痹病应如何辨认及治疗?

(1) 症状

病蜂常表现为两种症状。一种为“大肚型”，蜜蜂腹部膨大，蜜囊内充满液体，身体和翅颤抖，不能飞行。病蜂反应迟钝，行动缓慢。在地面缓慢爬行或集中在巢脾框梁上、巢脾边缘和蜂箱底部。另一种是“黑蜂型”，病蜂身体瘦小，头部和腹节末端油光发亮。病蜂常常受到健康蜂的驱逐和拖咬，身体绒毛几乎脱落，翅常出现缺刻，身体和翅颤抖，失去飞行能力，不久衰竭死亡。在蜂群内有时同时出现这两种症状，但常以一种症状为主，一般情况下，春季以“大肚型”为主，秋季以“黑蜂型”为主。

(2) 病原

病原为麻痹病病毒，属于传染性疾病。

(3) 危害状况

①发病季节：在北京地区 4—5 月为春季发病高峰期，适宜发病温度为14～21 ℃，相对湿度为45%～50%；9—10 月为秋季发病高峰期，适宜发病温度为 14.5～19.5 ℃，相对湿度为60%～70%。

从全国来看，一年中也有春季和秋季两个发病高峰期，发病时间由南向北、由东向西逐渐推迟。在我国南方麻痹病早在 1—2 月即开始出现，而东北则最早出现在 5 月，浙江地区 3 月开始出现病蜂，而在西北则 5— 6 月才开始出现病蜂。

②传播途径：在患麻痹病蜂的蜜囊内充满病毒颗粒，由于蜜蜂的传递食物行为，病蜂把蜜囊所容纳的病毒分给同伴时，使许多工蜂受感染，此外病蜂群中的花粉也含有大量的慢性麻痹病病毒。因此，可以看出麻痹病在蜂群内的传播主要是通过蜜蜂的饲料交换，而在群间的传播则主要是通过盗蜂和迷巢蜂。

（4）防治

1）蜂群管理

①更换蜂王：对患病群中的蜂王，可用无病群培育的蜂王进行更换，以增强蜂群的繁殖力和对疾病的抵抗力。

②杀灭和淘汰病蜂：可采用换箱方法，将蜜蜂抖落，健康蜂迅速进入新蜂箱，而病蜂由于行动缓慢，留在后面集中收集将其杀死，以减少传染源。

③补充营养饲料：对于患病蜂群可喂牛奶粉、玉米粉、黄豆粉配合多种维生素，以提高蜂群的抗病力。

2）药物防治

①升华硫：升华硫对病蜂有驱杀作用，对患病蜂群每群每次用10克左右的升华硫，撒在蜂路、框梁上或蜂箱底，可有效地控制麻痹病的发展。

②核糖核酸酶：国外研究报道，核糖核酸酶能够阻抗病毒核酸的合成及病毒增殖能力，并能防止蜜蜂死亡，具有防治麻痹病的作用。

③抗蜂病毒一号（主要成分为酞丁安）：本品为黄色或淡黄色结晶粉末，无臭，味微苦，不溶于水，对慢性麻痹病病毒具有显著的抑制效果，对健康蜜蜂有明显的保护作用，防治效果可达90%以上。

120. 欧洲幼虫腐臭病应如何辨认及治疗？

（1）症状

幼虫1～2日龄的被传染，经2～3天潜伏期，多在3～4日龄未封盖时死亡。发病初期幼虫由于得不到充足的食物，改变了它们原来在巢房中的自然姿态，有些幼虫体卷曲呈螺旋状，有些虫体两端向着巢房口或巢房底，还有一些紧缩在巢房底或挤向巢房口。病虫失去珍珠般的光泽，呈现水湿状、浮肿、发黄，体节逐渐消失，腐烂的尸体稍有黏性但不能拉成丝状，具有酸臭味。虫尸干燥后变为深褐色，易取出或被工蜂消除，所以巢脾有插花子脾现象。

（2）病原

病原为蜂房蜜蜂球菌，一种细菌传染病。

（3）危害状况

欧洲幼虫腐臭病发生在群势弱、脾间蜂路过宽、保温不良、饲料不足的蜂群中，这种蜂群幼虫抵抗力弱，易造成蜂房蜜蜂球菌繁殖，而在强群中幼虫的营养状况较好，抵抗力强，不易被感染。受感染的幼虫能及时被工蜂清除。

蜂房蜜蜂球菌主要是通过蜜蜂消化道侵入体内，并在中肠腔内大量繁殖，患病幼虫可以继续存活并可化蛹。但由于体内繁殖的蜂房蜜蜂球菌消耗了大量的营养，这种蛹很轻，难以成活。患病幼虫的粪便，排泄残留在巢房里，又成为新的传染源，内勤蜂的清扫和饲喂活动又可将病原传染给健康的幼虫。通过盗蜂和迷巢蜂可使病害在蜂群间传播，蜜蜂相互间的采集活动及养蜂人员不遵守卫生操作规程，都会造成蜂群间病害的传播。

（4）防治

①提供清洁水源：欧洲幼虫腐臭病主要是因为工蜂采集不洁水带回蜂巢而引起的，因此，蜂场应设饮水器，使工蜂能采用清洁水。

②加强饲养管理：维持强群，经常保持蜂群有充足的蜂蜜和蜂粮。注意春季对弱群进行合并，做到蜂多于脾。彻底清除患病群的重病巢脾，同时补充蛋白饲料。

③药物治疗：使用磺胺类药物和抗炎中草药，如穿心莲、金银花等进行治疗。以 1 个成人药量加糖水饲喂 15 框蜂。

121. 美洲幼虫腐臭病应如何辨认及治疗?

(1) 症状

美洲幼虫腐臭病又叫美腐病、烂子病，是蜜蜂幼虫的一种恶性传染病。分布极广，几乎世界各国都有发生，其中以热带和亚热带地区发病较重。

美洲幼虫腐臭病主要是老熟幼虫或蛹死亡。因此，对可疑患美洲幼虫腐臭病的蜂群，可从蜂群中抽取封盖子脾 1 ~ 2 张，仔细观察。若发现子脾表面呈现潮湿、油光，并有穿孔时，则可进一步从穿孔蜂房中挑出幼虫尸体进行观察。若发现幼虫尸体呈浅褐色或咖啡色，并具有黏性时，即可确定为美洲幼虫腐臭病。

(2) 病原

病原为幼虫芽孢杆菌，该杆菌常形成芽孢来抵抗药物治疗，因此，是一种很难治愈的幼虫病。

(3) 危害状况

孵化 24 小时的幼虫最易受感染，2 天以后的幼虫则不易受感染；蛹和成蜂也不受感染。在蜂群内，病害主要通过内勤蜂对幼虫的喂饲活动而将病菌传播给健康的幼虫。被污染的饲料（带菌蜂蜜）和患病巢脾是病害传播的主要来源。在蜂群间，病害主要通过养蜂人员不遵守卫生规程的操作活动，如将患病蜂群与健康蜂群混合饲养、蜂箱蜂具混用和随意调换子脾等，都会造成病害的传播蔓延。其次，蜂场上的盗蜂和迷巢蜂，也可能传播病菌。美洲幼虫腐臭病菌生长的最适温度在 34 ~ 35 ℃。因此，美洲幼虫腐臭病多流行于夏秋季节，即蜂群繁殖盛期。

(4) 防治

对美洲幼虫腐臭病需采取综合方法进行防治，可从下列 3 个方面进行。

①隔离病群：对于患病蜂群，必须进行隔离，严禁与健康蜂

群混养；对于其他健康蜂群还需用药物进行预防性治疗。

②对于重病群（一般烂子率达10%以上），必须进行彻底换箱换脾处理：对轻病群，除需用镊子将所有的烂幼虫清除干净以外，还需用棉花球蘸取0.1%的新洁尔灭溶液清洗巢房1~2次。对久治不愈的重病群，采取焚蜂焚箱的办法，彻底焚灭。

③进行药物治疗：可选用磺胺类药物进行饲喂或喷脾。但一定要在采蜜期到来之前2个月进行，以免污染蜂蜜。磺胺噻唑钠（S.T.）片剂或针剂均可。每公斤1∶1的糖浆加入1克的磺胺噻唑钠，调匀后喂蜂。

我国在二十世纪六七十年代发病严重。10多年来，主要采取焚蜂焚箱的办法断绝传染源，控制美腐病发生。现在，我国美腐病发病率逐年下降，几乎至零。

122. 孢子虫病应如何辨认及治疗？

（1）症状

急性：初期成蜂飞行力减弱，行动缓慢，腹背板黑环颜色变深，体色变黑，蜂群蜂王腹部收缩，停止产卵，不安地在巢脾上乱爬。

慢性：初期病状不明显，工蜂飞行力减弱，造脾能力下降，偶见下痢，蜂群日渐削弱。把有症状的工蜂，用镊子夹住螫针拉出大肠、小肠和中肠，可发现中肠浮肿，环纹不明显，呈灰白或米黄色，有时大肠有粪便积存，略带臭味。

（2）病原

病原为一种原生微生物孢子虫，属于传染病。

（3）危害状况

近年来孢子虫病逐渐成为蜂群主要病害，其原因是：西方蜜蜂带进来的孢子虫病传染中蜂，在中蜂体内发生变异后又反过来传染外来蜂种，而原始寄主对孢子虫病新的变异型缺乏抵抗力，

经常造成严重的危害。

（4）防治

①蜂具消毒：将病群的蜂具用2%~3%的氢氧化钠溶液进行消毒清洗。

②药物治疗：每公斤糖浆中加100克烟曲霉素作为奖励饲养，每周喂1次；每公斤糖浆加灭滴灵2.4克治疗；每公斤糖浆加3~4毫升米醋，每隔3~4天喂1次，连喂4~5次。

123. 白垩病应如何辨认及治疗？

（1）症状

患病蜂巢房盖不整齐，有凹陷，有或大或小的孔洞，患病幼虫多在大幼虫期或封盖幼虫期，雄蜂幼虫发病率高于工蜂幼虫。患病初期幼虫失去光泽和饱满度，起先在腹部外侧出现白色附着物，逐渐向整个躯体延伸，病虫体膨胀，充满整个巢房，随着病情发展，患病虫躯体呈白色，并逐渐僵化呈木乃伊状。当形成真菌孢子时，幼虫尸体呈灰黑色或黑色木乃伊状。身体上布满白色菌丝或灰黑色、黑色附着物（孢子），无一定形状，无臭味，也无黏性，易被清理，在蜂箱底部或巢门前及附近场地上常可见到干枯的死虫尸体。故白垩病又称石灰子病。

（2）病原

病原为蜂球囊菌，一种寄生的真菌性传染病。

（3）危害状况

白垩病是通过蜂球囊菌孢子传播的。当蜂球囊菌孢子被蜜蜂幼虫吞入后，在肠道内开始处于静止状态，在厌氧及少量二氧化碳条件下，孢子开始萌发、增殖，形成菌丝，穿透围食膜侵入真皮细胞，在其内繁殖，进一步穿透体壁，在体表形成大量菌丝和孢子。据冯峰报道，花粉是白垩病的主要传染源，当蜜蜂吞食被蜂球囊菌污染的花粉后，在适宜的环境条件下，蜜蜂饲喂幼虫过程中将孢子传染给健康幼虫而感病，并逐步传播蔓延。转地放蜂、患病群巢脾的调动，都会造成病害的传播及蔓延。蜂球囊菌需在多湿的条件下萌发生长，在高温高湿的条件下广泛流行，通常发生于6—8 月，若遇连续阴雨天气则病情加重。在群蜂中，通常是雄蜂幼虫首先感病，再逐渐向工蜂幼虫扩展。由患病蜂群向健康蜂群传播。

（4）防治

1）消毒措施

淘汰患病严重的病脾，对轻病脾和蜂箱进行消毒，饲喂蜂群的蜂蜜及花粉需经过煮沸或蒸煮（花粉）消毒方可使用。

①巢脾消毒：对撤换下来的巢脾，用 4% 的福尔马林溶液（也称甲醛溶液）或 38% 的甲醛蒸气密闭消毒。消毒时间在 24 小时以上。

②花粉消毒

a. 钴 60 照射：凡经 100 万 ~ 150 万拉德照射的花粉，均不再含有致病能力的蜂球囊菌孢子。此法杀灭病原微生物是有效的，缺点是成本较高。

b. 蒸汽浴法：花粉经普通蒸锅蒸汽浴处理 30 分钟，即可彻底杀死致病菌。该法简单、易行，便于蜂场掌握，经处理的花粉可以饲喂幼虫。

2）药物治疗

①杀白灵：将 1 包商品药溶于 0. 5 公斤稀糖水中，混匀后喷病蜂及巢脾，使虫体湿润，每脾 10 ~ 15 毫升药液，隔日 1 次，连续 3 次为 1 个防治疗程，5 天后再做 1 个疗程防治。若将此药作为预防用，1 包商品药溶于 1 公斤稀糖水中进行饲喂。

②优白净：将药液做 100 倍稀释，喷蜂及巢脾，每脾约 10 毫升药液，隔日 1 次，连续 4 次为 1 个防治疗程，间隔 4 天后，再进行第 2 个疗程防治。

③灭白垩1号：将1包商品药用少量温水溶解后，加入1公斤糖水中，搅拌均匀，喷喂40脾蜂，每隔3天1次，连续4~5次为1个防治疗程。

④两性霉素B（2克/60框蜂）或甲苯咪唑（1片/10框蜂）：碾粉掺入花粉中饲喂病群，连续7天，有较好疗效。

124. 意大利蜜蜂有哪些虫害？

意大利蜜蜂的虫害主要有大蜂螨（又称雅氏大蜂螨）、小蜂螨、巢虫、胡蜂（俗称马蜂）等。其中在巢内主要是大蜂螨危害，小蜂螨多为季节性危害。巢虫主要危害弱群及贮藏的巢脾。巢外主要是胡蜂危害，其次是蚂蚁。

125. 大蜂螨应如何辨认及防治？

（1）形态特征

成虫：分雌成虫和雄成虫两种（图3-14）。

雌成虫体呈横椭圆，棕褐色，长1.17毫米，宽1.77毫米。体背被一整块角质化的背板覆盖。背板具有网状花纹和浓密的刚

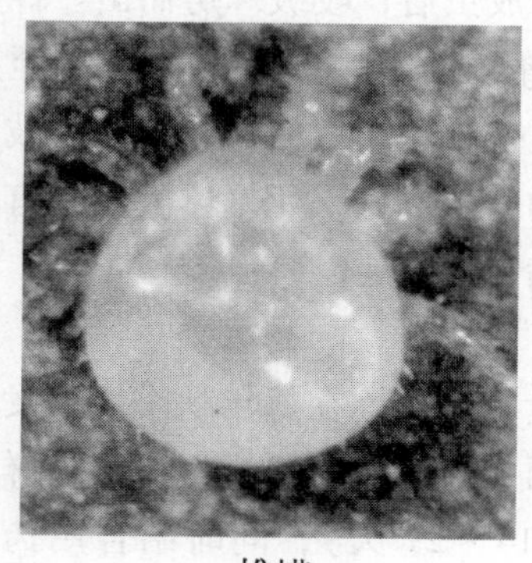

a 雄螨

b 雌螨

图3-14　大蜂螨（引自冯峰）

毛。腹面具有胸板、生殖板、肛板、腹股板、腹侧板等结构。螯肢角质化强。其上有3个齿。足4对，第1对足粗短，第2~第4对足稍长于第1对。全部跗节末端均有钟形爪垫。雄成虫比雌螨小1/3。

卵：圆形，长0.88毫米，宽0.72毫米。

（2）生活史及习性

大蜂螨的卵期为1天，若虫期7天（前期若虫4天，后期若虫3天）。从卵发育至成螨大约需8天。成螨的寿命不等，在繁殖期平均为43.5天，最长55天；在越冬期，成螨的寿命可达3个月以上。

在大蜂螨的生活史中，大体可分为2个不同时期，即蜂体寄生期和蜂房繁殖期。怀卵雌螨在蜜蜂幼虫即将封盖之前便潜入蜂房内，依靠吸吮幼虫的血淋巴进行产卵繁殖。新成长的蜂螨就在封盖房内进行交尾，待新蜂出房时就随新羽化的新蜂一起爬出巢房，又重新寄生在蜜蜂身上。

（3）症状

大蜂螨的若虫，寄生在工蜂、雄蜂的蛹体上，吸吮蛹的体液作为营养，并成长发育，若虫发育成虫后，咬破蜂房而出。蜂房中的蛹死亡变干尸。严重地破坏蜂群的繁殖，使群体衰萎至死亡。在巢门前可以发现有许多翅足残缺的幼蜂爬行和有死蛹被工蜂拖出；在巢脾上有死亡变黑色的幼虫或蛹，死蛹体上还附有白色的若螨等物时，即可确定为蜂螨为害。

（4）防治方法

根据大蜂螨繁殖于封盖房的生物特性，在每年秋季蜂螨发生高峰期到来之前（即北方8—9月，南方9—10月），对蜂群采取用扣王断子一段时间（通常为14~21天），同时结合用药物进行防治，即可达到有效控制的目的。这也是培育越冬适龄蜂，保证强群越冬的重要措施。

①春夏蜂群繁殖季节：可选用以氟胺氰菊酯为原料的各种巢门杀螨涂剂进行防治。该制剂杀螨效果好，作用快，成本低，而且操作简便，治螨可不用打开蜂箱，很适合在蜂群繁殖季节使用。

②晚秋季节：长效杀螨片进行防治。该制剂具有药效期长、杀螨彻底等特点。挂入药片以后，保持28天以上，即可有效控制大、小蜂螨的发生，对抑制秋季蜂螨的发生具有良好的作用。

③降低抗药性：由于长期使用氟胺氰菊酯（俗称螨扑）防治，大蜂螨产生很强的抗药性，有的蜂群高达40倍以上。为降低抗药性，增加药效，笔者研究得出：用螨扑防治时，对被治蜂群饲喂多功能氧化酶或羧酸酯酶能降低抗药性增加药效。

126. 小蜂螨应如何辨认及防治?

（1）形态特征

雌成虫：体呈卵圆形，浅黄棕色。体背被整块骨板覆盖。体长1.03毫米，宽0.56毫米。前端较尖，后端钝圆，其上密布细小刚毛。腹面有胸叉、胸板、生殖板、肛板及气门片等结构。螯肢钳状，不动指有2个钩齿。足4对，第1对较细长，第2~第4对较粗短，各跗节末端均有爪垫。

雄成虫：体呈卵圆形，淡黄色，长0.95毫米，宽0.561毫米。背面结构与雌成虫相同，腹面除胸叉明显，胸板与生殖板合并成生殖腹板，生殖孔紧接于胸叉之后。螯肢可动指特化成输精突。

（2）生活史及习性

小蜂螨的卵期很短，产出后大约经过15分钟就变为前期若虫；前期若虫2~2.5天；后期若虫2天。因此，小蜂螨从卵发育至成虫需4~4.5天。成虫的寿命长短与温度有密切的关系。根据人工培养观察，在10~15℃时，仅有3.7天，最长11天；

在30~35 ℃时，为9.6天，最长19天。

（3）症状

小蜂螨主要寄生在子脾上，靠吸吮蜜蜂幼虫的血淋巴生长繁殖。雌螨潜入即将封盖的幼虫房内产卵繁殖。当一个幼虫被寄生死亡以后，小蜂螨又可从封盖房的穿孔内爬出来，重新潜入其他幼虫房内产卵繁殖。在封盖房内新繁殖成长的小蜂螨，就随新蜂出房时一同爬出来，再潜入其他幼虫房内寄生繁殖。

由于小蜂螨主要寄生在子脾上，寄生在蜂体上的很少。因此，在诊断上则主要采用熏蒸检查法来进行。

当可疑蜂群受小蜂螨为害时，可用一玻璃杯（容积约为500毫升），从蜂脾上取蜜蜂100~200只，然后用棉花球蘸取乙醚少许，放入玻璃杯内，上面用一玻璃片盖上。经过3~5分钟，待蜜蜂麻醉后，将蜜蜂沿杯壁滚动几下，立即将蜜蜂倒回原箱的巢门前，蜜蜂苏醒后即回到蜂箱里去，如果有小蜂螨则会沾在玻璃壁上。最后就可根据取样的蜜蜂总数和所落下的小蜂螨数，计算其寄生率。

（4）防治方法

根据小蜂螨繁殖于封盖房的生物特性，在每年秋季蜂螨发生高峰期到来之前（即北方8—9月，南方9—10月），对蜂群采取扣王断子一段时间（通常为14~21天），同时结合用药物进行防治，即可达到有效控制的目的。这也是培育越冬适龄蜂，保证强群越冬的重要措施。目前治螨药物有多种，应因时因地进行选用。

①在春夏蜂群繁殖季节，可选用以氟胺氰菊酯为原料的各种杀螨涂剂进行防治。

②使用升华硫黄放在框梁上，可减少小蜂螨成螨到封盖蛹房产卵。

③在晚秋季节，使用长效杀螨片进行防治。该制剂具有药效

期长、杀螨彻底等特点。挂入药片以后，保持 28 天以上，即可有效控制大、小蜂螨的发生，对抑制秋季蜂螨的发生具有良好的作用。

④蜂群进入越冬期之前，蜂王停产后，最好再用药物补治 1 次，杀灭蜂体上残存的蜂螨，以保证次年春天蜂群的繁殖和强壮。

127. 胡蜂的种类及防治方法有哪些？

（1）主要种类

胡蜂是社会性捕食昆虫，我国胡蜂类约有 200 种，主要栖息在林区。

南方各省山区危害蜜蜂的胡蜂主要有金环胡蜂（又名大胡蜂）*Vespa mandarina* Smith、黄边胡蜂 *Vespa crabro* Linnaeus、黑盾胡蜂 *Vespa bicolor* Fabricius，基胡蜂 *Vespa basalis* Smith 等。6—11 月，胡蜂是蜂场的捕食性敌害，对西方蜂种常造成毁灭性危害。

（2）生活史及习性

胡蜂是由早春一个受精雌性蜂产卵发育为蜂后（王）、职（工）蜂和雄蜂 3 种个体的社会性生活昆虫，其中以职蜂数量最多。

一般在遮风雨、避光直晒的树杈上筑巢，也有的种类在屋檐下、土洞中筑巢。蜂巢为纸质、单层或多层圆盘状结构，顶端有一牢固的柄。由中央向四周扩展增大，有的种类将层间空隙用纸质封固，形成 1 个大包，只留 1 个巢门出口，这有利于保温、育子。秋后，雌蜂才与雄蜂交尾，受精后离巢觅找越冬场所，次年早春再筑新巢。

几乎全部胡蜂种类都在白天活动，晚间回巢护脾。气温 13 ℃以上开始活动，最适宜气温为 25 ~ 30 ℃。中午是活动高峰。

（3）防治

①将蜂箱的巢门改为圆形巢门，阻止胡蜂窜入箱内。

②人工捕杀，经常在蜂场中巡察，用蝇拍捕杀在蜂群前后的胡蜂。

③在蜂场中经常驱逐胡蜂也会减少胡蜂侵入蜂场。

④毁灭蜂场附近的胡蜂窝。

128. 怎样防止蚂蚁进入蜂箱?

各种蚂蚁都能够进入蜂箱干扰蜂群，虽然很难进入子脾圈内，但蚂蚁的入侵增加工蜂的工作，干扰工蜂的各种正常活动，所以应尽可能减少蚂蚁入侵蜂群。

防治措施：用 4 根短木棍支起蜂箱，在木棍中段用透明胶膜缠绕一圈以阻止蚂蚁上爬至蜂箱中。此外，勤清除蜂箱底的蜂尸、糖汁，减少引诱蚂蚁的物质。

129. 怎样防止蟾蜍捕食工蜂?

蟾蜍常在晚上到巢口门捕食工蜂。夏天，北方放在低洼地的蜂场，蟾除危害较严重。

防治措施：将蜂箱垫高至蟾蜍不能将舌伸至巢门口。

130. 怎样防止家畜危害蜂群?

意大利蜜蜂对各种家畜的攻击行为比中华蜜蜂强烈。猪、马、牛、羊等家畜进到距离蜂箱 5 米内，就会引起工蜂攻击。家畜受蜂蜇后奔跑很容易踢翻蜂箱，使工蜂倾巢而出攻击家畜，使蜂场受到严重损失，受攻击的家畜也会死亡。

防治措施：蜂场四周加篱笆，阻止家畜进入。转地蜂场放蜂地点远离牧场及家畜居住场所。

131. 如何防治巢虫危害？

巢虫是大蜡螟、小蜡螟的幼虫（图4–9）。

（1）习性

大蜡螟、小蜡螟白天隐藏在蜂场周围的草丛及树干隙缝里，夜间活动及交尾。卵产于蜂箱的隙缝、箱盖、箱底板上含蜡残渣中。大蜡螟每次产卵300～800粒，一般存活21天。小蜡螟雌蛾寿命平均为6天，可产卵3～5次，平均每次产卵464粒。幼虫孵化时很小，爬行迅速，以箱底蜡屑为食。1天后开始上脾，钻入巢房底部蛀食巢脾，并逐步向房壁钻孔吐丝，形成分岔或不分岔的隧道。随着幼虫龄期的增大，隧道也增大。受害的蜜蜂幼虫到蛹期不能封盖或封盖后被蛀毁，造成白头蛹。

（2）防治

经常清除箱底蜡屑，在蜂场日常操作中注意经常收拾残留的各种废巢脾，及时化蜡。对抽出多余巢脾，封闭后用燃烧硫黄产生的二氧化硫及90%的冰乙酸蒸气熏杀。冰乙酸除对幼虫有效外，对卵也有较强的杀灭能力。此外，将巢脾放入－7℃以下的冷库中冷却5小时以上也能杀灭隐藏在其中的蜡螟幼虫和卵。

在夜间用糖与食蜡按1∶1的比例制作糖蜡浆，放入小盆，放在蜂场空隙处引诱蜡螟成虫前来吸食并溺死其中，可以杀灭部分蜡螟，减少巢虫密度。但白天必须及时收回，避免工蜂前来采食。

132. 如何防治枣花中毒？

症状：采集蜂采枣花蜜回巢后，腹部膨胀，失去飞行能力，在巢门外跳跃式爬行而死亡，巢内幼虫减少，成活率低。

防治：用酸性饲料饲喂蜂群，以1∶1比例在糖浆中加入0.1%的醋酸或柠檬酸，可减轻成蜂发病率。这时应人工补喂花粉，可减少幼虫死亡率。

133. 如何防治油茶花中毒？

症状：幼虫呈灰白色或乳白色，失去环纹，腐烂死亡，并发出酸臭味。成蜂腹部膨胀透明，发抖振翅直至死亡。

防治：不进入油茶山区放蜂。发现中毒症状后使用“油茶蜂乐冲剂”饲喂有一定效果。

134. 如何防治茶花中毒？

症状：大幼虫呈灰白色或乳白色，死亡后瘫在房底，并有较浓的酸臭味，封盖虫盖变深，不规则地下陷并有小孔。严重时烂子率可达 100% 。

防治：采用繁殖区与采蜜区隔离的分区管理方法，巢门开在采蜜区一侧。繁殖区采用人工饲喂。

135. 如何防治甘露（又称“蚜虫露”）中毒？

甘露是由蚜虫、介壳虫等昆虫采食植物汁液后，分泌出的一种淡黄色甜液，带回巢房酿造成蜜称甘露蜜。主要发生在秋季的松、柏林区。

症状：中毒蜜蜂腹部膨大，伴有下痢，失去飞行能力，常在巢脾框梁上或巢门外爬行，行动迟缓，体色变黑亮。蜜囊膨大成球状，中肠灰白色，环纹消失。后肠呈蓝黑色，充满淡紫色液体伴有块状结晶。

防治：①对已采集甘露蜜的蜂群，摇出甘露蜜。补充饲喂，用糖浆或蜂蜜作为越冬饲料。

②用复方维生素和乳酶生片各 50 片配 1 公斤糖水（糖：水 = 1：1）喂 20 脾蜂，每天 1 次，连喂 2 ~ 3 次。

136. 如何防治农药中毒?

症状：农药对蜜蜂的危害表现为两种状况：直接毒杀和隐性毒杀。直接毒杀的工蜂两翅张开，腹部向内弯曲，吻伸出死亡。有的在地上乱爬、翻滚、打转、抽搐，直至死亡。隐性毒杀的工蜂迷失方向，找不到自己的蜂箱位置，流失在野外而死亡。隐性毒杀主要发生在使用毒性弱的农药上，如菊酯类农药。

防治：避免开花期使用农药，外地放蜂的蜂场，要及时与当地有关部门联系。已发现有农药中毒现象，立刻关闭巢门，打开纱窗或者搬场。

137. 如何预防光、声、电磁波的危害?

症状：强光照射会使工蜂迷失方向，找不到巢门。笔者在蜂箱前用强白光照回巢工蜂，工蜂进入光区就迷乱飞行，找不到近处的巢门。晚上的灯光会引诱工蜂飞出扑灯而死。高压线附近的电磁波的影响与强光相同。高分贝的声波会使巢内工蜂烦躁不安，降低哺育能力，影响蜂群繁殖。

预防：放蜂应避开公路、铁路、机场、强光照射处。蜂群不要安置在庭院内、路灯下，应放在离住家20米外无灯光照射的矮林地中。

138. 如何预防污水的危害?

症状：工蜂饮用污水后，主要表现为腹泻，其次是幼虫皮肤失去光亮，幼虫死亡率高。

预防：蜂场必须自备蜜蜂公共饮水设备。自动饮水器因水从斜板缓慢流下，工蜂会站在板上吸取。盆式饮水设备，水面上应加细枝等便于工蜂站立吸水。在巢门前安装瓶式饮水器。

139. 如何预防变质饲料的危害?

在越冬期，春季工蜂因食用发酵变质的饲料或者饮用受污染的水而引起发病。

症状：工蜂腹部膨大，直肠中积累大量黄色的粪便，排泄黄褐色稀便，具恶臭气味，发病工蜂只能在巢门板上或前面排便，失去飞行能力。健康工蜂是在飞行中排出粪便，而得病工蜂只能在爬行中排泄，而且常排泄后死亡。

防治：喂饲蜂群的糖水必须煮沸。患病蜂群可喂大黄糖浆（大黄 100 克，用水煮开加糖水 1 公斤喂蜂 20 框）或姜片糖浆（姜 25 克，加盐少许煮开，加糖 20 克，喂蜂 20 框）。此外，磺胺类药物、山楂水均有一定效果。喂药每日 1 次，连喂 3 ~ 5 次。

140. 如何提高蜂群的抗病能力?

（1）选育本场蜂王

有不少蜂场，购买商品蜂王来发展蜂群，而商品王多为杂交一代，品质及抗病性能都不稳定。必须从本场蜂王中，选择抗病性能强的蜂群人工育王才能提高全场蜂群的抗病性能。在人工育王中应选择无病的蜂群作为种王和育王群。

（2）维持基本群势

群势太弱不利于群内温度的稳定，使幼虫因温度的波动而降低抗病能力。因此，群内不能少于 4 张脾、3 框蜂。

（3）减少人为干扰

人为干扰越多，蜂群的抗病能力越弱。笔者测验，从蜂群中提出子脾后立刻再放回去，24 小时后子脾上的温度才恢复正常。每提一次子脾都会使幼虫的抗病能力下降。

蜂群是一个整体，不要随意去开箱干扰蜂群。蜂群不受干扰，抗病能力就会提高，不易得病或者得病也很轻，自愈快。

第 4 章　中华蜜蜂饲养技术

141. 什么是传统饲养?

传统饲养就是巢脾固定在蜂桶、蜂箱内，无法操作巢脾，是我国自古以来对中蜂的饲养方法。传统饲养方式有 3 种：单桶立式饲养、单桶卧式饲养、多层箱式饲养（图 2–10）。

142. 单桶饲养要点是什么?

①春季工蜂出外排泄飞行后，清除桶内多余空脾，清除在石板上的蜡屑及蜂尸。如果缺蜜要及时用碗盛糖水放在桶底的石板上饲喂。

②分蜂季节及时收捕分出群并另立一桶。清除原群中不好的王台，留 1 ~2 个好王台。处女王出房后，在桶顶压一块有颜色的布供处女王认巢。

③夏季要在卧式单桶上盖草把遮阳光，直立单桶上插草伞遮阳光。

④流蜜期结束后，立刻取出巢内大部分封盖蜜脾。及时缩小巢门，防止发生盗蜂。

⑤秋季防止胡蜂为害，缩小桶口，经常驱杀胡蜂。

⑥秋末要补充饲喂越冬饲料，用泥浆涂抹桶外壁进行保温。越冬时缩小巢门，防鼠窜入为害。

143. 多层箱式饲养要点是什么？

多层箱式饲养是用方形底框为基础，随着蜂群发展不断添加相同规格但较浅的方框，比单桶饲养先进。多层箱式扩大蜂巢空间，便利取蜜，但无法人工育王和控制分蜂。其饲养要点如下。

①早春及时清除箱底蜡屑及蜂尸，割去越冬后的废脾，补充饲料。随着蜂群的扩大，添加方框。

②分蜂时，只做1次分蜂，以免多次分蜂后，使群势太弱，影响采集夏、秋蜜源。

③流蜜期间，及时用空方框取换已装满蜜的方框，或用巢蜜方格安排在上方框内，上方框与下方框之间添加隔王栅阻止蜂王上巢蜜格上产卵。生产巢蜜包装后直接上市。这种方式生产的蜂蜜，避免割脾取蜜的污染，又有种蜂蜜特有的花香，受市场喜爱，是中蜂传统饲养的发展方向。

④秋季，长江流域山区采完柃和野藿香的蜜后，需留1框越冬饲料。晚秋防盗蜂及进行保温包装。

笔者认为，在生态保护区、旅游区弘扬中华蜂文化及出售中蜂产品，以发展多层箱式饲养为宜。多层箱式饲养可在上层生产巢蜜，过冬时下层保存蜂巢，过冬后蜂群在下层繁殖壮大。在管理上只需在早春将旧脾、破脾切割下来即可。

144. 什么叫过箱技术，如何操作？

把饲养在木桶、竹篓、土窝、谷仓等固定蜂巢的群蜂改为活框蜂箱饲养的操作技术称过箱技术。

（1）过箱前准备

①时间的选择：过箱宜选择在外界蜜粉源植物丰富的季节，气温在20 ℃以上的晴暖天气中进行。

②群势要求：群势一般应在5框（1公斤蜂量）以上，群内

应具有子脾。过弱的蜂群，其保温和存活能力差，过箱不易成功。

③蜂群位置的调整：准备过箱的蜂群，如果蜂群高挂在房檐或放在其他不适当的地方，需逐日把蜂桶慢慢移至便于操作的位置。

④必备的工具：无强烈木材气味的中蜂十框标准蜂箱，或意蜂十框（郎氏）蜂箱。穿好铅线的巢框，收蜂具，稍小于巢框内围尺寸的平木板和面盆、毛巾、面网、蜂刷、割蜜刀、钳子、钉锤、剪刀、小钉、喷烟器、细麻绳、割脾用的工作台等。

（2）操作方法

过箱操作宜3人协作进行。由于蜂群栖息的蜂桶形式不同，在过箱方法上略有差异，但基本操作是一致的。

①驱蜂离脾：先将蜂桶外围清理干净，轻轻启开固封物。对直立式蜂桶，即把蜂桶顺巢脾平行方位翻转，使底面开口向上，四周最好用布等堵严，用木棒轻击桶壁或喷淡烟驱赶，促使蜜蜂离脾上爬，逐渐集结在收蜂笼里。蜂群在收蜂笼中结团后，将收蜂笼提起，悬挂（或垫高）在蜂桶原位置的上方，把活框蜂箱置放在蜂桶原位置，然后割脾。

对横卧式蜂桶，如能打开一端，也可用上述方法进行。如两端无法打开，可取去捆绑物，轻轻启开中缝，看清巢脾位置后闭合，抬高空虚的一端或翻转，用木棍敲打有巢脾的一边或喷烟，驱赶蜂群至空处结团，然后打开蜂桶割脾。对土窑或墙洞中的蜂群，可先轻启前档板，察看是否与相邻土窑有小孔相通，如果有小孔，仍放好档板，从巢门口向内喷烟，驱赶蜂群到相邻土窑中结团，再打开档板割脾。如是单一土窑，可设法将蜂驱到空处结团后割脾。

②割脾、绑脾：割脾时用刀面紧贴巢脾基部下刀，用手托脾取出，扫去剩余工蜂，置于平板以供装框、绑脾。装框时首先把

巢脾基部切平，紧贴上梁内侧，再用小刀紧贴铅线轻划，深及巢脾单面房底后，将巢框上梁向下竖起，用麻绳等采取插或吊的方法将巢脾绑牢在巢框上（图4–1）。绑好的脾随即放入箱内，以免冻伤幼虫或引起盗蜂。在蜂箱内，将大子脾置于中央，较小的依次摆放于两侧，形成类似自然蜂巢中的半球形。巢脾间保持7～10毫米的蜂路。

③抖蜂入箱：巢脾全部绑完后放入蜂箱内，加外隔板，缩小或关上巢门，即可将收蜂笼内的蜂团抖入蜂箱。不能把蜂团抖在巢门口，让蜂爬入箱内，这种方法容易损失蜂王。

④打开巢门：抖蜂入箱后立即盖上箱盖，待箱内声音较小后再开巢门，使分散在蜂箱外的工蜂自行爬入。巢门开向应与原巢一致。若原群是在土窑或墙洞内，过箱后可将蜂箱放在靠近原巢门处。过箱操作完成后清扫场地，用清水冲洗地面和蜂箱上的蜜汁，以防发生盗蜂。

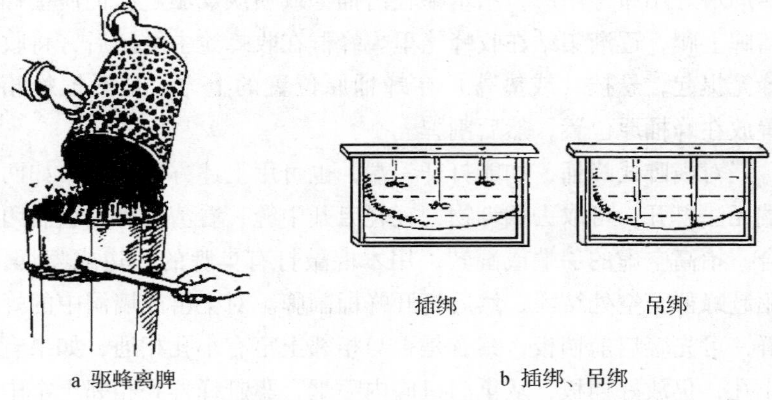

a 驱蜂离脾　　b 插绑、吊绑

图4–1　过箱操作

（3）过箱后的管理

过箱后1～2 小时从箱外观察蜂群情况，若巢内声音均匀，

出巢蜂带有零星蜡屑，表明工蜂已经护脾，不必开箱检查。若巢内“嗡嗡”声较大或没有声音，即工蜂未护脾，应开箱查看。如果箱内蜜蜂在副盖上结团，可将巢脾移近蜂团让蜂上脾。

次日箱外观察：如有采集蜂带有花粉回巢，即表明蜂群情况正常；如果工蜂出巢少，应开箱快速检查，察看工蜂是否上脾、蜂王是否存在、巢脾是否修复、有无坠脾或脾面被损坏等情况。若出现以上情况应及时处理。

过箱后4~5天，再进行一次整理：拆除已修补好的巢脾上的捆绑物；将下坠或歪斜的巢脾重新接正；抽出多余的巢脾，使箱内蜂多于脾；清除箱底的蜡屑等污物。刚过箱的蜂群还不适应蜂箱内的条件，需在傍晚进行喂饲；缩小巢门，防止盗蜂。若外界蜜源条件好，10天以后即可加巢础造新脾，逐渐更替旧巢脾。

145. 如何收捕野生蜂群？

对栖息在自然界中的野生蜂群可采用诱捕和猎捕两种操作技术。

①诱捕：诱捕是用空箱涂一层蜡，放在朝南阴凉处。分蜂季节野生蜂群的分出群，飞来找营巢场所时，由于蜂蜡味的引诱，便进入箱内筑巢而被收捕。

②猎捕：对于栖息在岩洞，枯树洞中的蜂群可进行人工猎取。猎取时，用收蜂笼先收蜂群后再割窝内的巢脾，割脾时不要损破子脾。子脾带回后，框入巢框内绑好。晚上把收的蜂群抖入，并在巢门口松散地塞一些杂草，使工蜂缓慢外出认识新巢。野生蜂群野性大，收捕后饲养的经济效益不如长期经人工驯化的蜂群，而且易逃亡。因此，作为已人工饲养的中蜂场而言，不宜再从野外补充蜂源。此外，保留一定数量的野生中蜂群在附近山林中，也有利于蜂场周围自然生态环境的保护。

野生中蜂群是我国自然界生态平衡的重要一环，尽可能不去收捕它们，建立蜂场的蜂源要从已有中蜂场中购买。

146. 什么是活框饲养技术?

活框饲养是将巢脾固定在可移动的巢框内。因此，蜂群内的巢脾不是固定的，可以根据需要人为移动，又称活框。中蜂的活框饲养技术，是学习意大利蜜蜂的饲养技术，结合中蜂的生物学特性逐步完善的。以中华蜜蜂饲养技术的行业标准的制定为最终完成。因此在技术内容上与第 3 章相似又不完全相同。不能用饲养意大利蜂的技术措施养中蜂，必须结合中蜂的特性进行饲养才能养好。

147. 用意蜂蜂箱养中蜂行吗?

用意蜂蜂箱养中蜂，不利于中蜂群的保温及繁殖，蜂势发展慢。意蜂箱的巢箱与大盖间留有缝隙，常引起中蜂的盗蜂。如果是在保护区和旅游区，用中标蜂箱、GN 箱和多层箱式蜂桶养中蜂、有利于中蜂的饲养和生产。

148. 如何排列中蜂群?

蜂箱的箱距以 1 米为宜，各蜂箱的巢门应互相错开，成排摆放，前后排蜂箱不能小于 1 米（图 4–2）。南方各地用短木桩支起蜂箱可减少潮湿及虫害，北方及较高寒地区直接用石块垫高。为了减少工蜂迷巢引起偏集现象，用不同颜色涂在巢门上方。不能将蜂箱紧挨着摆放，摆成圆形，巢门朝内或朝外都不行。这种摆放会导致工蜂迷巢造成偏集或互相厮杀。

149. 如何移动中蜂群?

蜂箱不能随意移动，移动了会使回巢工蜂找不到巢门，飞入其他蜂群引起互相厮杀。如果需要移动蜂群，应保证巢门的方向不变，以每日 0.5 米的距离向前后或左右方向慢慢移位。如果在

图 4–2 中蜂箱的摆放

1～2 公里内移动，那么应先把蜂群搬到 2.5 公里以外地点，暂时饲养 10～15 天之后，再搬到预定地点。移动蜂群应在夜晚进行。

150. 中蜂群应摆放在什么地方？

许多农户喜欢把中蜂群放在住宅的房檐下，甚至放在房门口、外墙上，或者摆放在靠近家畜、禽舍地方、房屋的晾台上、阁楼里、灯光下，水道及风口。这些摆放既影响了蜜蜂的活动又影响人畜的安全，是不正确的摆放位置。蜂群应放在离宅居地 30 米外有矮树林的向南或向东的坡地或偏荒地上。

151. 如何全面检查中蜂群？

全面检查就是对蜂群逐框进行仔细观察，掌握蜂群的全面情况。这种检查不宜太多。以免破坏蜂群内的生活条件，扰乱蜂群的正常工作，或引起盗蜂，或因惊扰蜂群，引起飞逃。一般在春季蜂群解除包装后，蜂群发生分蜂热前，主要蜜源开花期开始和结束，蜂群准备越冬前，以及意外情况发生时，才进行全面检查。

全面检查要选择风和日暖、外界有蜜源、气温在 25 ℃以上时进行。检查蜂群时严禁使用喷烟器驱蜂。蜜源中断期，尤其是秋季断蜜期，不要全面检查，以防引起盗蜂。

检查蜂群时，养蜂人员要穿浅色干净的衣服，将手洗净，身上不要带有葱、蒜、香皂、汗臭和鱼腥等特殊气味。准备好所需要的蜂具和蜂群检查记录表，站在蜂箱侧面背光位置，动作轻快敏捷，有条不紊，箱盖、覆布要轻取轻放，顺序逐框细心检查。提脾、放脾要轻要稳，以框梁为轴线转看两面（图 3-2），不得把巢脾平放观察，以防蜜粉掉落、蜂脾变弯、铅丝中断而跨脾。任何动作都不可震动蜂群，以免引起工蜂离脾。

全面检查需要观察蜜蜂的全部情况，包括蜂脾关系、子脾多少、空脾及巢脾的位置、贮存饲料情况、是否失王、蜂王产卵情况。检查结果要记录下来，记录项目参照表 3-1，并根据检查结果采取相应的管理措施。

检查蜂群后，应把巢脾布置好。布置巢脾的顺序，中央是幼虫脾和卵脾，外周是蛹脾和蜜粉脾，空脾可插在幼虫脾之间。春秋季脾蜂相称。夏季和流蜜期，脾应稍多于蜂，但也不能置放过多巢脾。抽出的巢脾不能摆放在隔板外，需及时加以妥善保管。

152. 局部检查如何进行？

当外界气温低或缺乏蜜源时，可提出少数巢脾进行局部检查，以推测蜂群的大概状况，如发现提出的巢脾上有新产的卵，说明蜂王存在；若有空巢房，说明蜂王有产卵之处，有贮蜜空间；若卵少而且又有自然王台出现，表明蜂群出现分蜂热；若工蜂房内出现几粒卵，又有急造王台，表明失王；若紧靠隔板的边脾蜂很稀，而且外侧蜜很少，内侧正常，说明脾多，需要抽脾；若巢脾上出现新蜡或赘脾，说明要造脾；若巢脾上贮蜜多，巢房

加高发白，说明蜜源好；等等。可根据检查发现的现象，应及时采取相应的措施。局部检查除分蜂期需多检查外，一般 10 天左右检查 1 次，过多开箱影响蜂王产卵、工蜂采集活动。

153. 箱外如何观察蜂群?

箱外观察判断群内情况的内容很多，如在晚秋或早春、越冬时，巢门板上出现较多的蜡渣和无头、无胸的破碎死蜂，蜂巢内发出臭味，这表明蜂群遭受鼠害；越冬期，若蜂群内振翅声大，表明箱内温度低于蜂群正常越冬温度，需要保温；有的工蜂体色变黑，腹部膨大，飞行困难，巢门附近有稀粪便，这表明蜜蜂得了腹泻；春夏季采集蜂出入频繁，进巢门时腿上携带大量花粉，说明巢内哺育工作正常；若回巢蜂腹部很大，飞行较慢，落地沉重，这是采蜜回巢；蜜蜂在箱壁和巢门聚集成堆，这表明巢内拥挤闷热，通风不良；蜜源较好时，有的蜂群却很少外出采集，同时巢门前形成“蜂胡子”，这是自然分蜂的预兆；出现盗蜂，表现外界蜜源稀少等。通过箱外出现的不同现象，大致反映出箱内蜂群状况，这表明箱外观察是一种简便的检查蜂群的手段。养蜂员每天都要进行箱外观察，以掌握每群蜂的状况。

箱外观察虽然不能了解蜂群的全面情况，但可作为一种常用的检查蜂群的辅助手段，以减少开箱次数，避免过多地干扰蜂群。

154. 什么情况下蜂群要进行合并?

在生产中，经常会出现失去蜂王或者蜂群发展不快，蜂群弱小；或者为了提高采蜜量，将小群合成强群采蜜等，都需要采用一群与另一群合并的技术。由于各群的气味都不相同，合并蜂群一定要消除群间气味的不同。不能用刺激性物品混淆气味，这样极易造成飞逃。

合并蜂群应当把较弱的合并到较强的蜂群内，把无王群合并到有王群里。若两群都有蜂王，要在合并的前一天将较弱的一只蜂王拿走，第2天再把这群合并到有王群内。最好将相邻的蜂群合并，合并后把腾出来的空箱搬走。

对于失王时间较长，群内老蜂多、子脾少的蜂群，工蜂可能已经产卵，合并前一天要调入1框未封盖子脾，除去王台，然后合并。或把这样的蜂群分散合并到几个蜂群里。工蜂产卵时间长的蜂群，可将蜜蜂抖落在地上，任其进入其他蜂群，达到合并目的。合并后发现蜂王受攻击时，将它放入蜂王诱入器，接受后放出。

155. 如何合并蜂群?

合并蜂群有两种方法：直接合并和间接合并。

①直接合并：只在春末、夏季流蜜期中，可使用直接合并法。合并在傍晚进行，把被并群的工蜂连同巢脾放进并入群内的隔板外侧，相隔1框的距离，喷一些蜜水或糖水，第2天靠近，除去隔板，3天后再统一调整。

②间接合并：通常多采用间接合并方法。特别是早春、晚秋蜂群警惕性高时，必须采用间接合并法。把有王的并入群抽去隔板，换入铁纱隔板，然后将被并群放入，靠在铁纱隔板一侧，盖上覆布，过1~2天两群气味混同后，再将铁纱隔板抽掉，整理巢脾。也可用扎成许多小针孔的报纸代替铁纱隔板，双方工蜂把纸咬穿后，便自行合并了。

156. 如何进行人工分群?

人工分群是增加蜂群的方法。将一个原群按等量的工蜂和子脾分成两群，其中一群保留原有蜂王，另一群诱入一只新产卵蜂王。具体操作办法：人工分群以前先把原箱向旁边移开0.5米，在原群的另一侧相距0.5米处放一个准备好的蜂箱，再从原群提

出一半的工蜂、子脾及半蜜脾到空箱内，该工作应在傍晚进行。次日，检查工蜂分配情况：若有王群蜂多，可将其离原位远些，或将分出群靠近原位，使外勤蜂进入多些，最终使两群蜂量基本一致。这时将一个快出房的王台插在子脾上方，或将储备的老王诱入分出群。然后逐渐将两群的巢门方向错开，这样就可以减少采集蜂迷乱现象。

若春季天气还冷，新群常因工蜂偏集而减少蜂数，容易冻死卵及幼虫。因此可以采用原箱分蜂法，即在原群中间加隔堵板，提一半的工蜂及巢脾到另一侧，开侧巢门，并把蜂箱旋转 45°，使飞行蜂从原巢门和侧门进入。诱入新蜂王后，原箱就变为双王同箱，进行双王同箱繁殖。待蜂群发展了，再用 2 个单箱饲养。

157. 如何诱入蜂王？

蜂群失王、更换老劣蜂王及人工分蜂时，就需要给蜂群诱入蜂王。诱入蜂王的方法有间接诱入法和直接诱入法。

（1）间接诱入法

这是主要诱入蜂王的方法。采用这种方法，比较安全，但过程较长。在繁殖期，蜂群失王过久或工蜂开始产卵的蜂群，都要用间接诱入法。

首先，将蜂群里的王台除净，然后用诱王笼诱入蜂王。诱王笼有多种形式，目前主要使用塑料王笼（图 3–8）。

把要诱入的蜂王连同几只幼蜂一起，放进塑料王笼，调节王笼格的大小，挂在巢脾上有蜜粉和空巢房的地方。诱王笼要挂牢，避免从巢脾间掉落。过 1 ~ 2 天进行检查，如果发现很多工蜂紧紧围在外面，并企图钻进诱王笼，说明蜂王没有被接受，这时应该详细检查蜂群，是否有未清除的王台或出现了新的蜂王。检查处理后，再过 1 ~ 2 天，如果围在诱王笼外面的工蜂已经散开，或开始喂饲蜂王，说明蜂王已被接受，可以打开诱王笼，让蜂王慢慢爬出来。

（2）直接诱入法

直接诱入蜂王不够安全，尽可能不采用，只能在夏季流蜜期中失王 1 ~2 天的蜂群使用。在上午，先将失王群里的急造王台除净，隔 3 ~4 小时，在采集蜂大部分出勤时，将蜂王直接放在框梁上或巢门口，让蜂王自己进入箱内。另外一种方法是除净无王群的王台后，带蜂提出 1 框幼虫脾放在隔板外，从供给蜂王的蜂群里，同样提出 1 框含蜂王的脾放在隔板外，与原群提出的 1 脾稍隔开一些距离。傍晚这两个巢脾上基本只剩下幼蜂与蜂王，将两脾距离缩短到 1 个蜂路。第 2 天上午，把隔板抽掉与原群靠在一起。直接诱入蜂王后，要多进行箱外观察：如果工蜂活动正常，轻易不要开箱检查，少惊动蜂群；如果发现巢门口有振翅、激怒不安和互相厮杀的小蜂球，可能蜂王被围，应立即开箱检查，解救蜂王，再采用间接诱入法。

158. 蜂王被围如何解救？

由于蜂群之间的“群味”不同，当诱入的蜂王未被接受；处女王交尾回巢，行动惊恐、慌张，带有异味；检查蜂群动作过重，蜂王受惊或发生盗蜂，蜂群集体飞逃；以及在分蜂时，工蜂为了保护蜂王，都会出现围王的现象。围王是工蜂将蜂王团团围困在中心，结成 1 个鸡蛋大小、结实的蜂球，如不及时解救，蜂王就会被围死。

解救方法如下。

①将围王的蜂球抓出箱外放在水里，工蜂遇水便飞去，抓住蜂王，检查是否受伤。如果完好无损，将蜂王放入诱王笼，挂在巢脾上，等蜂群安定后，再放出蜂王。

②把围王的蜂球放在平板上，扣 1 只玻璃杯，然后在旁边放 1 张涂有樟脑油或清凉油的纸，蜂球遇异味后，工蜂散开，把蜂

王抓出。也可以放 1 张涂有蜂蜜的纸，蜂球移到有蜜的纸上，围王的工蜂便开始吃蜜，经过这样的处理，工蜂就不再围王了。隔 1～2 小时，蜂群平静后，连蜂带有蜜的纸轻轻放在框架上，让蜂王自己爬进巢脾。

159. 如何控制蜂群自然分蜂?

春夏之际，蜂群培育王台，王台封盖后蜂王带一部分青年工蜂飞出蜂箱，在新地址重新建蜂巢，称自然分蜂。分蜂虽然是蜂群的自然规律，但给养蜂员造成很大麻烦，而且严重影响蜂群的生产性能。因此，控制自然分蜂能力是评价养蜂员技术水平的重要标准。

控制方法在第 3 章已列举许多，这里只提出对已产生分蜂热的蜂群，如何制止其发生自然分蜂。

①当王台快封盖或者刚封盖时，进行人工分群。

②用新王替换老王。

③采用人工假分蜂：群势只有 2～3 框，已产生分蜂热的蜂群，又没有新王替换老王时，将隔板斜放巢门口，逐步提脾将蜂抖在隔板上。将蜂王捉住后放在工蜂中一起回巢。同时将王台全部清除。

160. 如何收捕分蜂及飞逃蜂团?

自然分蜂或者飞逃的蜂团落定以后，要及时收捕，否则它会重新起飞，飞到很远的地方，造成损失。

（1）收捕方法

无论是自然分蜂群还是飞逃的蜂群，不管用什么工具，方法都相同。

准备好 1 个空箱，内放 1～2 框带有少量蜂子的蜜脾，1～2 框装好巢础的巢框，关闭巢门后放在阴凉处备用。收捕时，利用蜂群向上的习性，用收蜂笼收蜂团。先用蜂蜜涂在收蜂笼内壁，放在蜂团上方，用蜂刷或带叶树枝，从蜂团的下部轻轻地催蜂进入收蜂笼（图 4-3）。但必须注意，把蜂团全收完，以免遗漏。如果蜂团落在高大的树枝上，人无法爬上去时，用杆子将收蜂器挂起，放在蜂团上方，待蜂团入笼后，轻轻移下，抖入准备好的空箱里（图 4-4）。如果蜂团落在小树枝上，可轻轻锯断树枝，将蜂团抖落在空箱里。如果结团处较远，可将蜂团收下后，抖入面网或铁纱袋内，拿回抖入箱内。

图 4-3　收蜂笼

图 4-4　收捕飞逃蜂群

若同时有多群分蜂或飞逃，并在一起结团时，要把蜂团全部收回，并把围王的小蜂球一一找出，逐个放在水中解救蜂王，将解救的蜂王放入诱王笼，挂在各群的蜂脾上。然后将大蜂团切割后分入各群，关上巢门，晚上再打开。2～3 天后，视其接收情况，放出蜂王。

（2）收捕后的处理

收捕后的蜂群，若第 2 天工蜂出入正常，并有工蜂采集花粉回巢，说明已开始正常生活，就不要开箱检查，2～3 天后再检查。如果第 2 天发现工蜂出入很乱，飞行慌张，即开箱检查，如发现失王，即提入 1 张幼虫脾；如发现蜂团未上脾，在另一侧结团，即将蜜脾、虫脾移到结团一侧，催蜂上脾。当晚进行奖励喂饲，以促进安定。

161. 如何防止蜂群飞逃？

蜂群飞逃给蜂场造成损失。对于已飞逃的蜂群，收捕后，应找出引起飞逃的有害因素，清除这些因素才能使蜂群恢复正常生活。在饲养过程中，应努力给蜂群创造良好的生活条件，才能避免发生飞逃。

引起蜂群飞逃有以下几种因素。

①患严重的囊状幼虫病或欧洲幼虫腐臭病。

②箱底太脏，巢虫滋生，或者空脾提在隔板外，引起巢虫大量繁殖。

③群内缺蜜，长期没有幼虫和蛹。

④盗蜂严重，蜂群无法抵抗。

⑤夏天蜂箱受太阳直接暴晒，箱内太热。下雨，箱内受水浸泡。

⑥向子脾上喷药、向箱内喷药时，药物刺激性太大。

⑦检查时手太重，蜂群受到严重的震动。

⑧蜂箱的位置正对烟囱，长期受浓烟的刺激。

必须针对蜂群的不同情况，及时去掉不利因素，如病群要及时治疗、防止巢虫入侵、缺蜜群及时喂蜜、受太阳晒的要遮阴、保持蜂群安静、不能向群内喷药水等，才能做到防止蜂群飞逃。

162. 如何识别盗蜂？

工蜂到其他蜂群的蜂箱周围和巢门口杂乱地飞行，企图进入箱内盗蜜，无一定规则，被称为盗蜂。当一些盗蜂与被盗群巢门口的守卫蜂厮杀、滚打时，有一些盗蜂进入蜂箱。它们飞出时腹部膨大，行动慌张。在被盗群巢门口因厮杀会出现较多的死蜂尸体，有些尸体残缺弯曲。在箱底和箱体接缝处常有盗蜂聚集，企图钻入。它们飞行的声音尖锐。盗蜂早上出勤比正常群早，傍晚回巢晚。开箱检查被盗群时，在框梁或巢脾上可看到被盗的工蜂紧紧追赶盗蜂。

怎样识别盗蜂群呢？在被盗群巢门口，给出巢蜂身上洒些白粉，发现有白粉的蜜蜂飞入的蜂群，就是盗蜂群。

发生个别起盗时，要及时处理，否则会引起全场起盗，造成集体逃跑或者被盗群内蜂蜜被盗光、工蜂及蜂王被咬死等。所以应在日常饲养管理中注意防止盗蜂。

163. 如何预防盗蜂？

一般情况下，尤其是在缺乏蜜源时要缩小巢门，管理好蜂箱蜂具，堵塞漏洞，不做全面检查。需要检查蜂群时，时间不宜过长。不能将巢脾上的蜂蜜，掉在地上或蜂箱里，更不能把蜜脾等放在蜂箱前面。检查后要盖严箱盖。饲喂蜂群时，不能将蜜汁洒在箱外。在蜜源结束前，抓紧抽出空脾，使蜂脾相称，留足饲料。抽出的空脾要严密保存，取蜜后，对现场和用具要清理干净，以防引起盗蜂。

对于转地饲养的蜂群，不要放在邻场的飞行线上，以免蜜源末期，断蜜后发生盗蜂。要根据地形摆放蜂箱，蜂群之间不宜太近，因中蜂的定向能力差，容易迷巢而发生盗蜂。

蜜源结束前，要对无王群和弱群及时合并，或采取补强的办法及时处理，因弱群抵抗盗蜂能力差。

164. 如何制止盗蜂？

（1）制止零星盗蜂

如发现零星盗蜂，应缩小巢门，在巢门前放些杂草或几块木板，隐蔽巢门，让本群工蜂仍能出入，而盗蜂进入较难。也可以在巢门前喷水或涂少许煤油，以驱逐盗蜂。必要时，可将巢门关闭，放在阴凉处，晚上打开巢门。此外，也可将盗蜂群与被盗群互换位置。

（2）制止大股盗蜂

如发生大股盗蜂，要迅速关闭巢门，对乱飞的盗蜂，用浓烟喷散，过 1 小时后打开巢门，放走盗蜂再关闭。到晚上将盗群和被盗群的巢门打开，同时可采用搬家的办法，将被盗群搬到别的地方，在原地放一空箱，次日盗蜂进入空箱，无蜜可盗后会自然解除。

（3）制止互相起盗

若形成全场互相起盗，应在早晨蜂群出勤前，用铁纱堵住巢门，在蜂箱的另一边开一圆孔巢门，若盗蜂拥挤在原巢门上，可进行喷烟，2～3 天后取掉铁纱，关上巢门，让各自熟悉新巢门。也可在巢门口安装简易防盗器，防盗器可用铁纱做成，一头插入箱内，一头在箱外突出 1 寸（1 寸 = 3.33 厘米）。如果还制止不住，就采用搬走的办法，解除盗蜂。

（4）防止意蜂盗中蜂

中蜂群之间互相起盗，一般不会杀死蜂王，而导致蜂群毁灭。但如果意蜂场的意蜂来盗中蜂，要特别注意，由于中蜂群的巢门守卫蜂对来盗的意蜂常失去警觉不进行厮杀，意蜂工蜂比较容易进入中蜂群，并迅速杀死群内的蜂王，造成整群毁灭。长江以北地区的秋末，意蜂盗中蜂造成的损失特别严重。如果出现这种盗蜂，又无法控制时，中蜂场应迅速搬迁，逃避意蜂的盗蜂。

165. 如何识别工蜂产卵？

中蜂蜂群失王以后，很容易出现工蜂产卵。失王 3～5 天就可以发现工蜂产卵。在蜜粉源充足的时期，失王和开始改造王台时，也可能有少数工蜂产卵。工蜂产卵是分散的，在一个巢房产数粒卵，而且东歪西斜，十分混乱。这些卵都是未受精卵，即使卵孵化也只能是体格小的雄蜂。

166. 如何处理工蜂产卵的蜂群？

发现工蜂产卵以后，立即诱入 1 个成熟的王台或产卵王，比较容易被接受。诱入蜂王发生困难时，可在上午把原箱移开 0.5 米左右，在原来的位置上放 1 个空箱，调入 1 个正常的小群，让工蜂产卵群的工蜂飞回原址。晚上，再把工蜂产卵群的所有巢脾提出，把蜂抖在原箱内饿 1 夜，第 2 天让它飞回原址。然后加脾进行调整。

当新蜂王产卵或产卵王诱入成功之后，产卵工蜂会自然消失。但是还需处理不正常的子脾：突出的雄蜂房封盖用刀切除；幼虫用摇蜜机摇出；工蜂产的卵用酒精喷杀，或用糖浆泡后交还蜂群清理，或用 3% 碳酸钠溶液灌脾，再用摇蜜机分离出卵，以清水洗净脾并阴干后使用。

如果工蜂产卵超过 20 天，群内已有大量的雄蜂及雄蜂脾，对于这种蜂群，只能分散地合并到其他蜂群去。

167. 为什么要人工造脾?

在旧式蜂桶内，中蜂是自然造脾，巢脾都是半圆形，即上大下小，而且巢房孔大小不一，雄蜂房多。

活框饲养后，采用人工巢础，并让工蜂在人工巢础上造脾，这样造出的巢脾，房孔大小一致，雄蜂房很少，同时巢础是安在巢框和铅丝内的，因此造成巢脾后，不怕震动，便于摇蜜机摇蜜，也有利于转地饲养。

168. 如何操作人工造脾?

中蜂造脾需要做以下准备工作。

(1) 工具准备

准备巢框、23~24 号铅丝和人工巢础片。市场上有中蜂巢础和意蜂巢础两种，不能把意蜂巢础作为中蜂巢础使用，中蜂人工巢础的础基孔内径为 4.5~4.7 毫米。以上工具都备齐后，第 1 步工序是拉线，即把铅丝穿在巢框上。

拉线要做到以下两点。

①紧：即把铅丝拉得很紧，用手指轻弹会发出琴声。

②不用钉子或少用钉子：铅丝两头用倒接。由于铅丝表面不是很平直，因此在第 1 次拉好后，再用起刮刀上下刮铅丝，然后再拉 1 次，铅丝便拉紧了。

(2) 上础操作

即把巢础安装在巢框内，当日造几张脾就上几张巢础，上好的巢础不能贮放。上巢础要用上础板（图 4-5）。上础板的大小与巢框内径相同，可以稍小一点，但不能大于内径。如中蜂标准式蜂箱巢框内径长 400 毫米、高 220 毫米，则所用上础板长 390 毫米、宽 210 毫米、厚 10 毫米。中蜂上础础片不能黏到下梁，要留 15~20 毫米空隙。

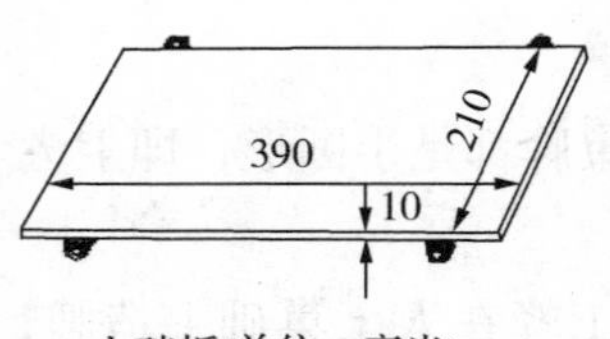

a 上础板(单位：毫米)　　b 用固定式埋线器上巢础

图 4–5　上础板及上巢础

上础要做好以下两点。

①牢：即巢础与上梁的连接要牢，一般都是用蜡粘连。可用熔蜡壶，也可用切下的巢础小片，卷成蜡烛状，中间放一条棉花，点燃后，使熔化的蜡斜滴到上梁与巢础之间。埋线时要轻、快。常用的埋线方法是使用齿轮式埋线器。

②好：即巢础上好后，表面不能损伤，也不能过多地把巢础表面的房基压平。黏用的蜡不能滴到巢础表面上。埋线不要太重，才能少损坏础片上的房基。

中蜂的巢础比意蜂巢础薄，上础和埋线时注意不要弄破巢础。

（3）蜂群准备

选强群和没有分蜂热的蜂群来造脾。蜂群造脾前一天先喂白糖水。加巢础前的 1 小时，打开蜂箱，把靠边第 2 个脾与第 3 个脾之间的框距拉开到足够放 1 个巢框。傍晚把上好的巢础，搬到蜂场，在插入蜂群之前，将少量糖水喷洒在巢础的表面上，然后插入事先准备好的位置中。巢础插入后，把两边的巢脾靠近，不需要留蜂路。

中蜂加础一般是加入靠边第 2 张脾与第 3 张脾之间，不能加在中间。1 个六框的中蜂群，1 次加入 1 张巢础。

（4）检查与喂饲

插入巢础后的第 2 天下午，必须检查蜂群有否造脾；如果没有造脾，需把巢础提出；如果已造一半，即可插入中间，让工蜂加高，供蜂王产卵。

为了促使蜂群加速造脾，加础群要进行喂饲 1：1 的白糖水或蜂蜜水，并加强保温。中蜂群造脾，一般是造好 1 张，再加 1 张。中蜂群除了使用人工巢础造脾，还可采用修脾造脾。即把老脾的下半部割去，让工蜂在下面接造新巢脾。这种造脾的速度慢，巢房孔大小不整齐，可以在外界蜜源较少的情况下进行。蜜源好的情况下，多用人工巢础造脾。

169. 如何保存巢脾？

流蜜后期，入冬之前，蜂群缩小时，应抽出多余巢脾，其中有许多是可以继续供蜂王产卵的好巢脾。这些巢脾必须保存起来，以便繁殖期使用。有些养蜂员只是把多余的巢脾提放在隔板（保温板）外面，不加处理，不久这些放在隔板外的巢脾都被巢虫损毁，同时还会引起蜂群逃亡。

多余的巢脾抽出后，需要保存的，立刻存放在空箱中，然后把这种蜂箱的纱窗及一切缝隙都用纸糊严，并封闭 3 个巢门，留 1 个巢门。用 1 片瓦上放少许硫黄，点燃后送入箱内，再关闭此巢门。这样让硫黄燃烧后产生的二氧化硫毒死在巢脾上的巢虫，但不能杀死蜡螟的卵和蛹。因此，半个月后再熏杀，才能封好巢门放在阴凉干燥的地方保存。使用时再拆开箱，用 1 箱开 1 箱。如果能买到二硫化碳，则用二硫化碳熏杀，效果更好。

中蜂巢脾比意蜂巢脾更容易滋生巢虫，保存时要更严格消灭巢虫。

170. 为什么要饲喂蜂群?

当工蜂从自然界中采集的花粉、蜜较少，无法维持生活及哺育幼虫时，就必须用人工饲料饲喂蜂群。繁殖季节用20%~25%稀糖水对蜂群进行奖励喂饲，能促进蜂群加速繁殖，增加工蜂采集的积极性。越冬之前必须饲喂蜂群，使其贮存有足够的越冬饲料。

喂蜂群的主要饲料有蜂蜜、白糖、花粉、水、无机盐等。

171. 如何配制糖类饲料?

糖类饲料只能用甘蔗糖制成的纯白糖。红糖、甜菜糖均不能作为饲料喂蜂群。根据用途不同，其配制方法如下。

①补助喂饲：是指在断蜜期或越冬前，以及早春蜂群开始繁殖前，因外界缺乏蜜源，而巢内饲料又不足时，对蜂群大量进行喂饲高浓度的糖水或蜂蜜（争取在1~2天内喂足）。补助喂饲的糖水或蜂蜜可加入5%~10%的净水。

②奖励喂饲：是在早春蜂群进入繁殖期及秋季为了培养越冬适龄蜂，促使蜂王产卵，给蜂群喂饲低浓度的糖水或蜂蜜（量少次多）。奖励喂饲的糖水或蜂蜜应加30%~50%的净水。优质白糖用文火化开，待放冷后，灌入饲养器或空巢脾中，傍晚进行喂饲。当外界气温低时可放在隔板内喂饲。

172. 如何配制花粉饲料?

花粉是蜜蜂食物中蛋白质的主要来源（花粉中蛋白质的含量高达8%~40%），也是蜂粮的主要成分。中蜂采粉能力强，一般不需要补喂花粉，如遇长期阴雨天，影响工蜂出外采粉时，需补喂花粉饲料，如干酵母粉、黄豆粉等。

饲喂方法：以干酵母为例，用500毫升水加白糖（或蜂蜜）

300 克，煮沸溶化，加入研成粉末的酵母片 7 克（14 片），再煮沸，放冷后每群（10 框）喂 200 克为宜。随配随用，不可久放。

173. 如何供给蜂群清洁水源？

水是蜜蜂维持生命活动不可缺少的物质，除了蜜蜂本身新陈代谢需要水之外，蜜蜂食物中，营养物质的分解、吸收、运送及剩余物质的排出，都离不开水。此外，蜂群还用水来调节巢内的温度，尤其在炎热的夏天和蜂群的繁殖季节，需水量更大。一般 1 箱处于繁殖时期的中等群，1 天需消耗水 250 毫升。蜂场内必须供给蜂群清洁饮水。

（1）巢门喂水

在早春蜂群开始繁殖时，工蜂出巢采集，往往因气候变化而被冻死，为此可在巢门口喂水。用 1 个小瓶子，内装脱脂棉，然后加入干净的冷水，用细纱布条，一头放入瓶内，一头放在巢门口，让工蜂采水。

（2）在蜂场上设置喂水器

在蜂场上放 1 个脸盆，内装干净的沙石，倒入净水，让工蜂采集（地点要固定）。有的养蜂员认为，养意蜂要设喂水器，中蜂不用，这是错误的。

（3）在蜂场地上挖 1 个坑放入塑料膜，再加入干净的沙石，倒上净水。

注意：食盐是构成和更新机体组织、促进生理机能旺盛和帮助消化不可缺少的物质。给蜂群喂盐可与喂水结合起来，在净水中加入 1% 的食盐。如果发现工蜂到厕所、老墙壁上、污水沟边咬啃就是群内缺盐的表现，应及时在喂水中加入盐。

174. 如何协助蜂群调节箱内的温度？

蜂群虽然有一定调控群体温度的能力，如通过结团御寒冷、通过扇风降温等，而长期维持会消耗工蜂的体能，严重影响其寿命。在自然界，蜂群通过飞逃来躲避这种不利环境。在人工饲养下通过对蜂群保温、遮阴的措施，协助蜂群调节箱内的温度。中蜂的温度调控能力比意蜂差，更需要人工及时保温和遮阴。这两项是重要的管理措施，运用得好，可以加速蜂群发展，减少飞逃。

175. 如何对蜂群进行保温？

在早春、晚秋及冬季都应给蜂群保温。

（1）调节蜂脾比例

在蜂箱内置放的巢脾张数与蜂量的比例合适才有利于巢内保温及繁育。在春秋季，工蜂覆盖每张巢脾、边脾 80% 以上的面积。如果检查中发现边脾的覆盖面低于 50%，即巢多于蜂，应抽出巢脾。如果边脾上的工蜂延续到底板上，即脾少了，应加脾，扩大繁育面积。脾与脾之间的空隙称蜂路，蜂路以 10 毫米以下为宜。过狭不利于工蜂活动，过宽不利于保持子圈的温度。

（2）调节巢门

春秋季，蜂箱的巢门不宜开过宽，舌形门以开 10 ~ 15 毫米为宜。巢门过大，早晚的冷风容易吹入蜂箱，降低巢温。早春可把巢门垂直巢脾而开，这种巢门称暖式巢门。暖式巢门十分有利于保持巢温及繁殖。

（3）加盖塑料薄膜

常见的方法是在大盖内加 1 层塑料膜，一直保存至夏天。塑料膜可以减少温度散失，又有利于保存湿度，对饲养中蜂有良好的保持温、湿度效果。

（4）越冬包装

黄河以北地区，冬季气温在 0 ℃以下，这时应对蜂箱进行外包装。外包装的做法如下：蜂箱下铺稻草，箱上盖稻草帘，帘上

压石块，箱体外壁也包上草帘。如果几群一起过冬，那么箱体间用麦秆塞好。中蜂群过冬一般不需要内包装，箱内的隔板紧贴外脾即可，只要外界的冷风不能吹入箱内，蜂群都能顺利过冬。

176. 如何对蜂群进行遮阴？

夏日太阳照射温度很高，必须给每群蜂的蜂箱遮阴。遮阴常用1块档板阻挡直照蜂箱的阳光，又称遮阳，以减少蜂箱上温度的升高。最简单的办法是在箱盖上加1块草帘、木板等。帘、板一边突出箱体前沿使阴影盖住巢门，以避免巢门受阳光照射。有条件的蜂场可建遮阴棚架，棚架一般设置宽、高均2米，以便可进入操作蜂群，棚架顶部用草帘盖即可，不必防雨漏。

177. 为什么要进行人工育王？

蜂王是每群蜂的中心，它的优劣决定蜂群生产能力的好坏。为了得到大量的优质蜂王，以提供新蜂群和更换老蜂王使用。就需要采用人工育王技术。人工培育蜂王不但可以及时满足蜂场需要，而且在培育过程中，可以有目的地进行人工选种，使蜂王的质量和生产能力不断得到提高。

目前市场出售的中蜂王很少，其后代各种性能也不稳定。另外，购买的蜂王也不适应当地生态条件，其生产性能和抗逆能力都不及当地中蜂。

178. 人工育王需要什么条件？

（1）丰富的辅助蜜粉源

当野外有丰富的辅助蜜粉源植物时，蜂群的营养充足，工蜂分泌王浆及蜂粮也丰富，因此能够培育出优质蜂王。在流蜜期，由于工蜂主要精力是外出采集花蜜，对王台的照料反而较差，蜂王的品质反而不高。

（2）强大的群势

人工育王的蜂群应是青年蜂多，群势在6框以上，最好选用开始分蜂热的蜂群。在这种蜂群中育王，接受率高，工蜂积极喂饲王台幼虫，蜂王质量也较好。

（3）大量的雄蜂

由于雄蜂和蜂王从卵到出房的天数不同，所以在移虫之前的20天，就应该开始培育雄蜂。雄蜂开始出房，才能移虫育王。雄蜂在性成熟之后，能保持50天左右的交尾时期。

179. 人工育王需要什么工具？

（1）蜡棒

蜡棒是制作人工台基用的圆形木棒，长100毫米。蘸蜡的圆端直径为6～8毫米，距离圆端8毫米处的直径为7～9毫米。

（2）蜡碗

蜡碗是人工培育蜂王的台基，用纯蜡制成。在制蜡碗前，先把蜡棒放在冷水中浸泡大约0.5小时，制蜡碗时，将蜡棒从水中取出甩掉水珠，直立浸入熔化的蜡液中，立即取出，稍待冷却，再浸一下。首先浸入5毫米，然后每次加深1毫米，经3～4次形成一个8毫米高的蜡碗。然后再放到冷水中浸一下，左手托蜡碗，右手把蜡棒轻轻旋转、抽出即可。

（3）移虫针

弹性移虫针（图3-5），由移虫舌、塑料管和推虫杆组成。使用时将角质舌片顺巢房壁伸入巢房底。进入幼虫下部，把幼虫带浆托起在舌片端，移入王台基中央，用食指轻压弹性推虫杆的上端，便将带浆的幼虫推入王台基底部。松开食指，推虫杆自动复原。

（4）育王框

育王框有窄式（图4-6）和巢脾式两种。窄式育王框的式样

与一般育王框相似，不过窄些：上梁与两旁的边条都是 8 毫米厚、23 毫米宽。中分 3 段，每段钉上活动木条（育王条）3 条，可以翻转，以便放台、取台。木条上贴上 3 层巢础片，压实。上放蜡碗。每条 8 ~ 9 个碗，蜡碗间距约 1 厘米，成熟后用小刀将一个个王台连巢础一起切下。另一种方法是：在木条上钻圆孔各 9 个，可装 9 个木质台基，全框共可装台基 27 个。蜡碗套在台基内，封盖后台基和蜡碗连在一起，成熟后很方便取下王台，便于携带。目前，中蜂育王中很少用台基育王。

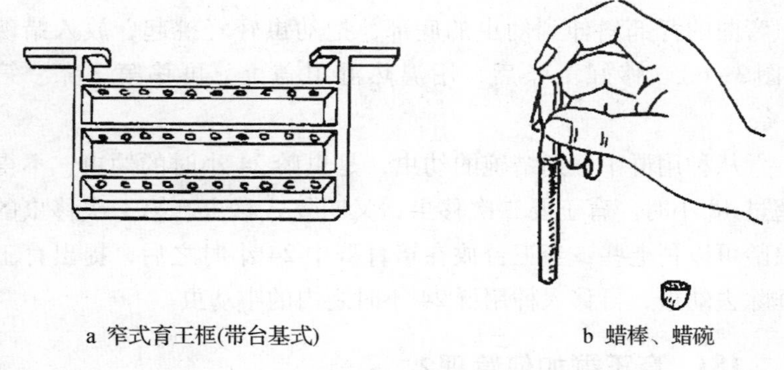

a 窄式育王框(带台基式)　　b 蜡棒、蜡碗

图 4–6　窄式育王框（带台基式）、蜡棒、蜡碗

用窄式育王框育王，工蜂密集，容易保温，王台接受率高。巢脾式育王框多在冬季和早春育王时采用，这种育王框是用普通巢脾改装的，在巢脾中间挖出长 25.5 厘米、高 9 厘米的长方形空间，然后用相等长宽的小型育王架嵌入此空间，架内装 2 条育王条，可以自由转动，每层可育王 10 个。

180. 移虫如何操作？

在移虫前一天晚上，对取虫的种用群进行奖励喂饲，以增加泌乳量，便于移虫。

移虫前2小时，将黏好蜡碗的木条，装在育王框上，让工蜂清理。蜡碗数不能超过27个，每条安放9个。蜡碗间距约10毫米。蜡碗清理好后，即可移虫。

移虫操作在室外进行，天气较冷时在室内操作，环境要清洁卫生，温度必须在25～30℃，相对湿度在70%以上。从蜂群内提出清理好蜡碗的育王框，把木条取出，平放在平台上，碗口向上。用1根干净的小棒，将少许王浆稀释液或蜜汁沾在蜡碗的底部，既能使幼虫容易离开移虫针，又能防止幼虫死亡。然后从种用群中把小幼虫脾提出，斜放寻找1日龄小幼虫。将移虫针从幼虫弯曲的背部斜伸到幼虫的底部，把幼虫轻轻挑起，放入蜡碗（图3-6）。移好1条后，用温热湿巾盖上，再移第2条、第3条。

从种用群中移到蜡碗的幼虫，是虫龄24小时的幼虫，不得超过48小时。育王要二次移虫，又叫复式移虫。第1次移虫的虫龄可以稍老些，当王台放在培育群中24小时之后，提出育王框除去幼虫，再移入种用群24小时之内的小幼虫。

181. 育王群如何管理？

在插入育王框的前一天把蜂王提出，王台接受之后进行奖励饲喂。蜂王用塑料王笼储存，可存放在育王群边脾，也可以存在其他群内。育王群培育一批王台后，将原王放回。

由于中蜂失王后容易发生工蜂产卵，使工蜂骚动不安，影响育王工作，因此育王群不能连续使用，基本上育一批王后即不再育王。

182. 如何进行分区育王？

中蜂的北方品系包括西北和华北北部中蜂，高山品系有四川马尔康县中蜂，群势可达10框以上，可用框式隔王板、框式隔

王框将蜂王隔在一边供产卵，另一边育王，工蜂可自由穿行。进行分区育王。这种育王群可连续育几批王不会产生工蜂产卵。在群势不强的南方几省中蜂不能采用分区育王。

具体操作如下：选择具有老蜂王的强群，用一块普通的隔离板或框式隔离板，把蜂王限制在留有 3 个巢脾的产卵区。另一边就组成无王的育王区。育王区要适当抽去多余的巢脾，紧缩蜂巢，放入 4 个带有粉蜜的子脾，中间应选 2 个小幼虫多的子脾，使哺育蜂集中。为了避免工蜂偏集到有王区，应该使巢门对着隔离板，让育王区占 2/3 的巢门，产卵区占 1/3 巢门。次日检查育王区，毁除改造的王台，即可在中央位置加入育王框。复式移虫的第 5 天，王台封盖后，提出老王。或者把将有王区的蜂王带工蜂和子脾提出到另外一蜂箱饲养，以免发生自然分蜂。如果是交替期的老王，仍可继续保留在巢内，只需及时把产卵区的子脾和育王区空脾互相调换，使蜂群继续发展壮大。等到第 1 批王台成熟提出后，可以继续培育第 2 批蜂王。

183. 如何组织交尾群？

交尾群是专供诱入王台，新蜂王出台、交尾直到产卵的一种小群，交尾群即分出群。中蜂不单独组织专供处女王交尾的交尾群。20 世纪 60 年代曾流行“碗碗蜂”交尾，而“碗碗蜂”也是分出群，处女王交尾成功后便单独成群。交尾群以 2 脾 1 框蜂为合适，群内有充足的粉蜜饲料，并有子脾。交尾群应在诱入王台前一天组织好。处女王交尾成功后便单独发展，不再诱入王台作为交尾群使用。移虫 10 天后，王台成熟。

184. 交尾群如何管理？

（1）诱入王台

从育王群内提出育王框，用小刀从王台基部取下王台，然后放入交尾群。若交尾群有 2 张巢脾，把王台插放在 2 张脾的子圈上方。

（2）采用二区交尾箱

用 1 个巢箱供 1 个交尾群使用，不但限制了交尾群的数量，还不利于防盗和保温。把 1 个巢箱隔成二区，二区巢门错开。供 2 个交尾群使用，不仅可以增加交尾群的数量，也有利于交尾群的保温。

为了增强处女王的认巢能力，避免婚飞回巢时误入别群而被杀死，各交尾箱的巢门前涂上不同颜色的不同形状，各交尾箱的位置和巢门都要互相错开。

（3）检查蜂王交尾情况

处女王出房后到交尾成功，一般需要 5～7 天。在正常天气情况下，10 天内都应产卵。因此在出房后 7 天，开箱检查，若蜂王已产卵，说明这个蜂王至此已培育成功。如果把这个群再作为交尾使用，需补加 1 张幼子脾，不然，会发生工蜂产卵。如果要把交尾群作为单独的新群，则需补充封盖子脾，以扩大群势。10 天后，若处女王未交尾成功，即杀死蜂王，合并蜂群。

185. 如何挑选优质蜂王？

蜂王的好坏对蜂群的繁殖及生产能力有很大影响，而蜂王的好坏又与种群的质量、育王方法及王台的大小有关。用人工育王或利用自然分蜂王台育成的蜂王，都必须经过严格挑选，选优去劣，才能保证蜂场的蜂群生产能力不断提高。挑选蜂王，首先从王台开始，优先选用粗壮、正直，长 17～19 毫米的王台。其次，优质处女王是移虫后 10 天出房，出房后，台底部有余浆；许少玉、肖洪良等（1983）通过对 102 个王台的测定得出中蜂处女王初生重为 176. 6 毫克，王台深度（15. 4 ± 0. 9）毫米，口径（5. 53 ±0. 11）毫米，王台容积（675. 08 ±48. 1）毫升，一侧卵

小管数（107.96±5.11）条。对蜂王的初生重与卵小管数及王台容积的相关系数计算得出：初生重与卵小管数的相关系数为0.919，具有明显的线性关系，与王台容积的相关系数为0.707，也密切相关。

优质处女王身体健壮，胸部宽，出房后5～8天交尾，交尾后2～4天产卵；产卵新王腹部长，在巢脾上爬行稳慢，体表绒毛鲜润，产卵整齐并且连成一片。对那些体质弱小、产卵空房率高的蜂王，应及早淘汰。蜂群在失王情况下产生的急造王台，是在一种不正常的应急状态下产生的，出房的蜂王体质弱，质量低劣。一个蜂场若经常使用急造王台，会引起全场生产能力退化，抗病能力差，必须严格禁止使用。

186. 春季何时开始管理蜂群？

我国各地气温差异很大，很难具体确定开始春季管理的日期，但养蜂员可根据本地区第1个主要蜜源植物开花的日期来计算，一般提前75天（两个半月）开始春季管理。如广州，春季主要蜜源是荔枝，开花期在4月中旬，那么2月初就开始春季管理。主要蜜源开花期较迟的地区，开始春季管理的日期也应相对推迟。春季饲养管理的内容包括早春检查、组织双王同箱饲养、加强保温、人工喂饲、加础造脾等。

187. 早春检查蜂群哪些内容？

当白天最高温度达到10 ℃以上、平均气温在5 ℃左右时，便应该开始进行早春检查，以便及时了解蜂群越冬后的情况，给蜂群发展创造有利条件。早春检查应查明群势强弱、蜂王产卵情况、存蜜状况、巢脾状况。检查后，针对蜂群不同情况采取不同的管理措施。

①群势不强，即组织双王同箱饲养。

②巢内缺蜜，即补给蜜脾，或进行补助喂饲。

③巢脾如已形成穿洞，可用小刀修整，让蜜蜂造下接脾。

④巢脾过多，即抽出存放，使蜂多于脾。

⑤失王的蜂群，立即合并。

⑥用起刮刀清除出箱底的蜡渣。

⑦保温物及时翻晒。

检查的动作要轻快，时间要短，抽出的巢脾应立即保存好，不要把巢脾放置在箱外。早春检查宜在中午进行。

188. 如何组织双王同箱饲养？

较弱的蜂群，可把它们组成双王群同箱饲养，这是增高巢温、加速恢复和发展群势的一种有效措施。具体做法：把相邻的两群，提到 1 个蜂箱内，用隔堵板隔开（不许工蜂互相通过）。两群的子脾、产卵空脾靠近中间的隔板，蜜脾放在最外边，巢门开在蜂箱的两边。双王同箱保温好，繁殖快，又省饲料。如果双王是强弱搭配，可以互相调整子脾（图 4–7）。

189. 春季如何保持蜂巢内的温度？

春季气温变化大，而蜂群培育蜂儿需要 34 ~ 35 ℃稳定的巢内温度。如果保温不好，子圈就不易扩大，幼虫也常被冻死。工蜂为了维持育虫的温度，就要消耗大量的饲料和增加机械活动，这样就容易造成饲料不足和工蜂早期衰老死亡，形成蜂群的春衰。所以春季保温是十分重要的工作，具体做法如下。

①调节巢门：巢门是蜂箱内气体交换的主要通道，随着气温的变化，及时调节巢门的大小（如温度高时适当放大巢门，温度低时适当缩小巢门），对蜂群的保温能起很大的作用。

②紧缩巢脾：从第 1 次检查开始，抽去多余空脾，做到蜂多于脾，并把蜂路缩小到 7 ~ 8 毫米。这样做的好处有：脾数少，

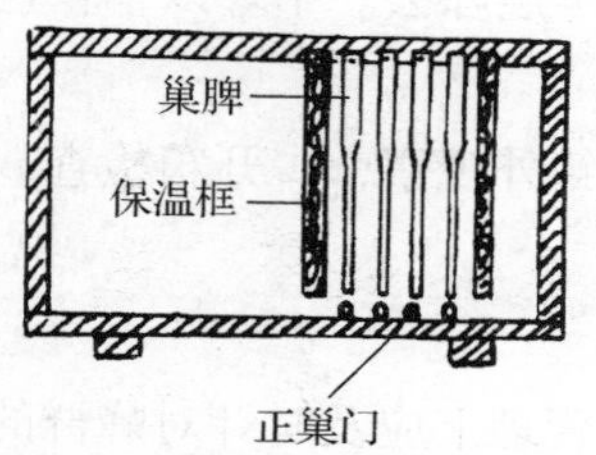

a 早春，原群的两边用保温框保温

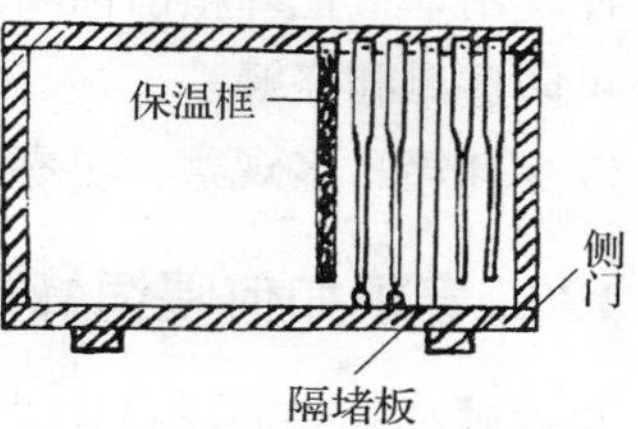

b 人工分蜂，分出群开侧巢门

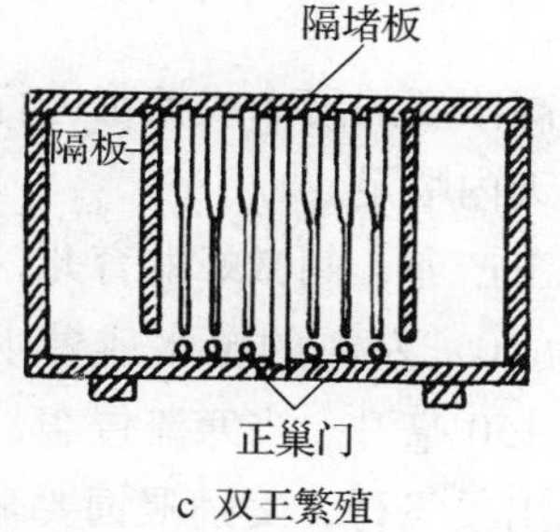

c 双王繁殖

d 单王取蜜，侧面组织小繁殖群

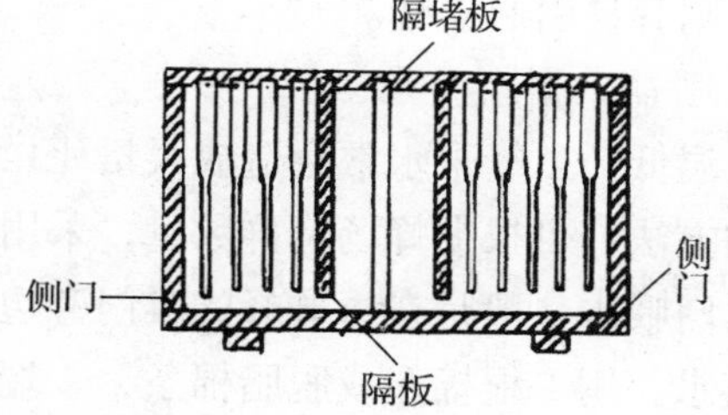

e 流蜜后期，双王同箱饲养，各开正侧巢门

图 4–7 双王同箱饲养示意（作者绘制）

蜂王产卵比较集中；子脾密集，便于保温；在天气剧变时能防止子脾冻坏，幼虫能得到充足的哺育，新蜂体质健康。

③箱内保温：巢框上加盖透明塑料膜，塑料膜延盖到隔板。

④箱外保温：将蜂箱箱底垫上 10 ~ 15 厘米厚的干草，蜂箱后面和两侧也用同样厚的干草均匀地包扎严实。箱盖上面盖上草

帘。夜晚用草帘把蜂箱前面堵上，早晨除去。中蜂以单箱包装为好，可防迷巢和盗蜂。

⑤少开箱，多观察：早春多做箱外观察，少开箱检查。

190. 春季如何喂饲蜂群？

早春野外蜜粉源比较缺乏，在管理上应及时针对蜂群的饲料状况给以喂饲。

（1）喂蜜

对缺蜜严重的蜂群，应以大量高浓度的蜜水或糖浆进行补助喂饲。补助喂饲应在傍晚进行，几天内喂足。

若群内存蜜充足，为了促使蜂王产卵，刺激蜂群育儿，可进行奖励喂饲。具体办法：用浓度为 50% 左右的蜜水或糖水，每晚或隔晚喂 1 次，每次用量不超过 150 毫升。当寒流侵袭、天气阴冷时应停止喂饲，以免刺激工蜂出巢飞行，奖励喂饲要全场每群蜂都进行，否则容易引起盗蜂。

（2）喂水、喂盐

早春外界气温低，工蜂采水常会造成大量死亡。因此应给蜂群喂水。喂水的方法：可根据蜂场蜂群数量，采用公共饮水器或从巢门喂水。巢门喂水一般是在每群蜂的巢门旁边放一个小瓶或小竹筒，里面盛水，用 1 根棉布或脱脂棉条，一端放入水中，另一端放入巢门内。蜜蜂不出巢门即可饮水。公共饮水器，是用盛水容器如木盆、瓷盆，在水上面放些干草、细木棍供蜜蜂停落。为了引导蜜蜂采水，最初可加少许蜂蜜或白糖。应保持长时期喂水，中途不得间断，并注意保持水的清洁。

（3）喂花粉

春季育儿需要大量花粉，因此在长期阴雨的天气，难以采回花粉时，应给蜂群补充蛋白质饲料，如黄豆粉、奶粉等。把这些代用品与蜜混合制成糕状，放在框梁上，让蜜蜂随时采食。

191. 春季如何扩大产卵圈?

在春季，如果产卵圈偏于巢脾一端，或受到封盖蜜限制，气候也良好时，可将巢脾前后调头。一般应先调中间的子脾，后调两边的子脾。如果中间子脾的面积大，两边子脾小，则可将两边的调入中央，待子脾面积布满全框，可将空脾依次加在产卵圈外侧与边脾之间。如果产卵圈受到封盖蜜包围，应逐步由里向外，分几次割开蜜盖。若产卵圈不受限制时，不必割开蜜盖。

192. 春季何时人工育王、人工分群?

在春季主要蜜源到来的 1 个月前就应人工育王。选择场内群势强、有 4 框蜂以上的蜂群作为育王群。人工育王的王台被接受后 10 天左右就应进行人工分群。春季采用平均分群方法较合适。如果原群较弱，外界气温较低，可以在原群的箱内，中间加隔堵板，分出群在隔堵板另一侧，并开侧巢门，处女王交尾成功后，进行双王同箱饲养。及时人工分群可以控制分蜂热的产生。

193. 春季如何夺取蜂蜜丰收?

当春季主要蜜源植物开花前 2 ~ 3 天，就应组织采蜜群。采蜜群以老王群为基础，把新王群的青年工蜂合并过去，抽出采蜜群中小幼虫脾到新王群，把新王群中半蜜脾补充到采蜜群中。采蜜群的蜂路扩大到 12 毫米左右，除去框梁上的塑料薄膜，扩大巢门。初花期就应摇蜜，若 2 ~ 3 天内天气晴朗，第 1 次可以把群内贮蜜全部摇完。如果遇到连续阴雨天，即加础造脾。

194. 春末如何管理蜂群?

春末，长江以南地区大部分中蜂群应转入半山区，采集 6 月中旬的山乌桕花和其他山花蜜源。在夏蜜到来前 1 个多月，不需奖励饲喂，利用山区零星蜜粉源就可以繁殖，将场内每群蜂的群势适当密集，保持蜂群正常繁殖。这时常有胡蜂危害，应注意驱杀胡蜂。此外，应注意保持箱底清洁，防止巢虫危害。

黄河以北山区，春季缺主要蜜源，而4月底5月初开花的刺槐花由于花筒大长，中蜂群只能在后期采集一些花蜜，满足群内需要，无法生产蜂蜜。5月上旬花椒开花，中蜂群能充分利用，在蜜源丰富的地方可以收到一些蜜，但一般收获不高，因此在华北地区蜂群管理的主要目的是夺取7月荆条花期的丰收。

195. 大流蜜期如何管理蜂群？

油菜、荔枝、黄芩、乌桕、柃、八叶五茄、野坝子、枇杷等流蜜期为大流蜜期，花期集中，时间短，一般是15～30天。这种流蜜期必须组成强群夺蜜。采蜜群一般应6框以上，以老王为主，由老王组成的蜂群可以减少哺育的压力。当巢脾上方都有封盖蜜脾超过1/3时，开始第1次取蜜，全部取完不留蜜脾。以后，每次都应等到巢脾上方一半以上封盖后才取蜜，切勿勤采蜜。流蜜后期取蜜，不能全部取完，应留有蜜脾在群内。

196. 分散蜜源时期如何管理蜂群？

春季山花或者高山地带的夏秋山花没有主要流蜜期，而分散蜜源丰富不断，延续时间很长，这种蜜源采用抽蜜取脾的办法。每次取蜜相隔7～10天，每群只取1/2～2/3的蜜脾，在这种蜜源时期不需要组织采蜜群，但要保持强群，及时淘汰产卵劣的老蜂王，控制分蜂热的产生。分散蜜源期取蜜是中蜂特有的生产方法。

197. 中蜂能转地放养吗？

中蜂不适宜长途转地放养，只宜在500公里范围内，必须

12 小时内汽车能达到的短途转地放养。蜂群在转地过程中大部分工蜂离开子脾，在箱内一角结团。因此，中蜂场转地放养对蜂群的影响大于意蜂。中蜂在转地过程中，到目的地的管理要比意蜂更加细致。

198. 转地前的蜂群如何准备？

转地前，必须对新场地的蜜源、气候、蜂群陈列的地方进行详细的调查落实。在选择了放蜂的场地、掌握了蜜源泌蜜的情况后，对蜂群进行必要的调整。炎热的天气运输时，标准箱内不可超过 6 框蜂。运输的前一天，必须把蜂群的巢脾，用木卡在每个巢框的两端卡牢（图 3-10），挤紧，箱内空余地方可用空巢框塞满，把隔板靠到蜂箱侧壁上。巢脾固定后，在摇动蜂箱时，巢脾就不致晃动。卡脾时，动作要轻巧，速度要快，以免引起盗蜂。傍晚工蜂收工后，将巢门关紧。

199. 转地途中如何管理蜂群？

转运时间必须在晚上。装车时将所有的纱窗都打开，巢脾的方向要与车辆前进的方向平行，这样可以避免车辆震动时木卡松落，以致巢脾挤在一起，压死蜜蜂。运蜂时，中途最好不要休息，一次到达。白天行车需要休息时，车辆应停在有遮阴的地方，不能让太阳暴晒，否则会造成蜜蜂闷死、巢脾崩毁的危险。

200. 到新场地后如何安排蜂群？

蜂群转地到新场地后，采用分散分组排列的方法安放蜂箱。以 3 ~5 群为 1 组，群距约 50 厘米。每组相距不能少于 3 米。组内各箱的巢门方向应互不一致，每组都利用一些自然景物作为标志，以便工蜂识别。此外，应采取以下管理措施。

（1）分批打开巢门

蜂群分散安放到相应位置之后，不能立刻打开巢门，停放半小时后，让蜜蜂安静片刻再打开。如果个别蜂群仍然静不下来，可以从纱窗喷入冷水，促使蜜蜂安静下来。然后关好纱窗，再打开巢门。应间隔和分批地打开巢门，不能全场一起打开，以免蜜蜂同时出巢，造成混乱。

（2）注意蜂群飞逃

有些蜂群由于受到转地时的震动，开巢门后立即飞逃。这时应注意观察飞逃蜂结团位置，立即收捕，傍晚再抖回原群。若打开巢门后出现飞逃的蜂群时立即重新关闭全场巢门，待晚上再打开巢门。

（3）检查处理不正常现象

蜂群到达新场地后的第3天拆除包装，并做一次检查，抽出多余空脾。如发现坠脾、压死蜂王等不正常现象，立即处理。最好在黄昏时进行检查及处理。

201. 夏季如何管理蜂群?

6—8月是我国最热的季节（云南除外），这3个月的管理称夏季管理，又叫越夏管理。

（1）夺取夏蜜丰收

长江流域及华南各地包括海南岛，6月上旬至中旬，主要蜜源是山乌柏花。山乌柏花期天气较好，一般都能获得收成，但蜜质较稀，不宜勤摇。待群内多数巢脾都有封盖蜜脾时才取蜜，后期留1.5张蜜脾供蜂群度夏，并抽去多余巢脾，留3~4张脾，适当密集群势，加宽蜂路。后期常出现盗蜂，因此白天不检查蜂群，主要进行箱外观察。

夏季是2000米以上的高原、山谷中的黄芩、野玫瑰等多种蜜源植物开花期。花期较长，但天气多变。在管理上宜采用抽

摇，全摇容易引起蜂群飞逃。

黄河以北地区7月有荆条蜜源期，在荆条开花前1个月，主要操作措施是控制分蜂热的产生。如果发现群内已出现具卵王台，群势超过8框以上的蜂群，即采用人工分群，一分为二。新群诱入王台，并加础造脾，即可解除分蜂热。若在流蜜初期出现分蜂热的蜂群，即采取把全部工蜂抖落在巢门外，让青年工蜂飞行片刻，然后回巢，并用一木板搭在巢门与地面之间，使幼蜂能爬回巢内。在抖蜂之前先找到蜂王，并放在诱入器中，待工蜂回巢后放开蜂王。具分蜂热的蜂群经抖落处理后，又是采蜜繁忙时刻，一般都能解除分蜂热，投入采蜜活动中去。荆条后期应留1~2张未封盖蜜脾在群内，以作为7月下旬至8月中旬缺蜜粉时的饲料。

（2）遮阴防晒

搭遮阴棚，或将蜂箱移到树荫下等方法使蜂箱避免日晒，同时垫高箱底以便通风。

（3）驱杀胡蜂

胡蜂是夏季蜂群主要敌害，经常在巢门前飞窜，捕捉外出工蜂，影响蜂群采水、扇风等降温活动，因此养蜂员要经常在场内巡回，驱杀来犯的胡蜂。

（4）控制飞逃

夏日容易发生飞逃，特别是在半山区的蜂场。海南的中蜂场夏季常出现50%的蜂群飞逃。因此要特别注意遮阳及通风。笔者曾考察海南文昌的海边椰林下中蜂群。由于通风条件好，蜂群夏季保持正常活动，蜂王不停卵，没有出现飞逃现象。蜂场中出现飞逃之后立刻关闭飞逃群巢门，收捕飞逃蜂团，傍晚再对飞逃群开箱检查，找出飞逃原因并及时纠正。切勿引发集体飞逃，若发生了就会造成严重损失。

202. 秋季如何管理蜂群?

一般而言，9—11 月属于秋季，但按气温而言，南方的秋季可延长到 12 月中旬，而黄河以北，秋末入冬大致在 11 月底。秋季是长江流域及华南的中蜂收获季节。中蜂生产的几种特种蜂蜜如柃属（野桂花）、八叶五茄（鸭脚木）、野坝子（皱叶香薷）、枇杷等，都在秋季开花，此外，还有许多山花也在秋季流蜜，因此秋季管理的好坏关系到南方中蜂生产区的经济收益。

(1) 奖励饲喂

9 月初，气温开始下降，野外有零星蜜源植物，这时适当奖励饲喂，促进蜂王产卵，增加工蜂出勤，但不必补充花粉。

(2) 淘汰老王

度夏之后，对产卵少的老蜂王进行淘汰，以利于秋季培育工蜂采秋蜜，所以要进行人工育王，培育少量新蜂王以替换老王，但不能大量进行人工分群。广东、海南、云南南部的蜂群有第 2 次产生分蜂热的现象，可以对已发生分蜂热的蜂群进行人工分群，控制自然分蜂的发生。流蜜期开始，应保持采蜜与繁育并重。由于秋季气温容易骤变，因此每次采蜜都应在群内留 1.5 张封盖蜜脾。流蜜后期，提出多余巢脾，达到蜂多于脾。少开箱，以防盗蜂发生。

(3) 喂越冬饲料

黄河以北及西北地区，当外界平均气温在 10 ℃以下时，将 2∶1 的白糖水煮沸后冷却作为越冬饲料，4～5 天喂足，使每群存在 10 公斤以上饲料。饲喂前调整好巢脾，子脾在中心；空脾在边，饲喂过程中不能再移动巢脾，让工蜂用蜡在巢脾间联结，堵塞蜂箱中的缝隙。

203. 黄河以南地区冬季如何管理?

海南的冬季是取蜜季节，蜜源一直连续到早春的荔枝花期，因此，采蜜必须与繁殖并重。广东、浙江、福建、江西、广西、云南南部12月之后，野外有一些蜜粉源植物，因此这些地区的冬季没有特别的管理措施，蜂群按照早春一样管理。冬季是枇杷开花季节，在晴朗的日子，抓紧生产枇杷蜜。采取中午抽取，在室内摇蜜。生产时注意防盗蜂。长江流域各省冬季气温可达0 ℃以下，这些地区的蜂群必须喂足饲料，不必进行越冬包装。长江流域的高山区，气温达－10 ℃应按冬季管理进行。

204. 冬季如何管理蜂群?

黄河流域及华北、东北、西北的蜂群，冬季结成蜂团过冬，必须采取一系列冬季管理措施。

①内包装：饲喂后期用盖布盖在巢脾上，外加一块塑料薄膜，塑料薄膜应连同隔离板一起包在内面。

②外包装：冬季比较短的地区如黄河流域、长江流域的高寒山区，宜单群外包装过冬。春季工蜂不会偏飞到别群引起盗蜂。把草帘包裹蜂箱只留巢门一面，用绳捆好，上部用石压上。在较寒冷山区如华北山区、东北南部则用并排列式过冬。箱底统一垫草，箱盖上用草片、草帘。把箱距放宽，两箱之间至少20厘米，两箱间塞草。巢门向西北，避免阳光射入。再冷的地区如吉林、黑龙江半地窖式过冬，具体方法参照第3章有关论述。

③缩小巢门：把巢门缩小，一方面可减少冷风吹入，另一方面可防止小老鼠窜入破坏蜂巢。但不能堵死巢门。入冬后蜂群结成团越冬，这时不许撞敲蜂箱，注意下雪之后除去箱上及巢门前积雪。

④翌年2月气温已回升到0 ℃以上，在风和日暖的日子，会

有许多任务蜂外出排泄，养蜂员要及时检查箱内存蜜，若发现缺饲料，宜上午 10 点之后补救饲喂。

许多中蜂群顺利过冬后，却饿死在春天来临的日子，这种死亡都是由养蜂员不注意群内饲料状况所造成的。

205. 囊状幼虫病是什么症状?

囊状幼虫病又叫“囊雏病”“囊状蜂子”，是蜜蜂幼虫的一种恶性传染病。目前我国的中蜂经常发生，是主要病害之一。

患囊状幼虫病的蜂群内，在封盖子脾表面上常常形成空房相间的“花子脾”和“穿孔子脾”。这是由于患病幼虫封盖后被工蜂咬破所造成的。囊状幼虫病的潜伏期为 5 ~ 6 天，因此，患病幼虫大多在封盖时死亡。死亡幼虫呈黄褐色，尸体不腐败，无黏性，也无臭气味，而是表皮增厚，变得粗糙，里面充满颗粒状液体，若用镊子夹出时，则形成“囊状”。尸体干枯后，皱缩扭曲，头部上翘，变成如“龙船”状的硬皮。

当蜂群有患囊状幼虫病的迹象时，可从蜂群中抽出刚封盖的子脾 1 ~ 2 张，将蜜蜂抖落后，仔细观察老熟幼虫是否有死亡、是否有花子脾出现、是否有房盖穿孔等情况。若发现封盖子脾上出现“插花”子脾和开口蜂房，死亡幼虫头部上翘，形成“勾状”，而且无黏性和臭味时，即可初步诊断为囊状幼虫病。

206. 囊状幼虫病的病原是什么?

囊状幼虫病的病原，经过笔者鉴定为囊状幼虫病病毒(*Sacbrood virus*)。囊状幼虫病病毒是一种无囊膜的病毒粒子，直径为 30 纳米。将这种病毒注射到健康的成蜂体内，在脂肪体内可见到类似的病毒颗粒。经感染试验查明，囊状幼虫病病毒在成蜂体内繁殖，特别是在工蜂的咽下腺和雄蜂的脑内积聚，但不引起症状(图 4–8)。

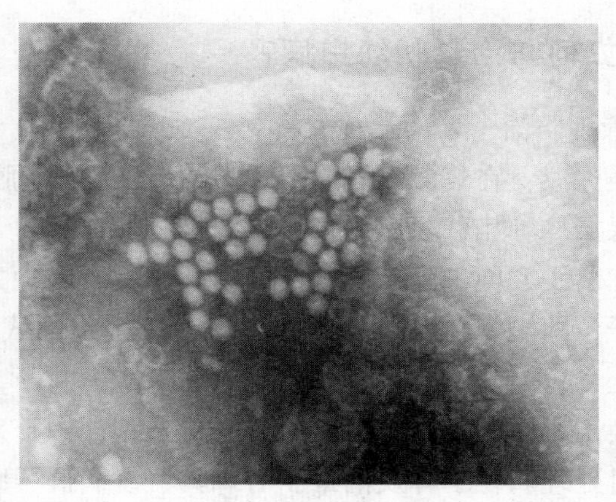

图 4-8　中蜂囊状幼虫病病毒（杜芝兰、杨冠煌摄）

据王强研究员测定，麻痹病毒常与囊状幼虫病病毒混合感染，使发病期延长到秋天。治疗方法上应加上治疗麻痹病的药物。

207. 囊状幼虫病是如何传播的?

在蜂群中带病毒的成蜂是病害的传播者。当带病毒的哺育工蜂饲喂幼虫时，就将病毒传给健康的幼虫，使幼虫患病。在蜂群间的传播，则是通过蜜蜂间的相互接触而传染的。养蜂人员不遵守卫生规程进行操作，蜂场上发生的盗蜂和迷巢蜂等，都可能将病毒传给健康的蜂群，而引起发病。但是病害发生的轻重程度及流行，还与蜜源、气候和蜂种等有密切的关系。囊状幼虫病一般都是在每年的春末夏初和秋末冬初两个季节发生严重，南方多流行于 4—5 月，北方多流行于 5— 6 月。该病是引进的意大利蜂带来的，意大利蜂对此病毒有一定抗性，危害不大。自古以来中蜂从未得此病，因此对其抵抗能力弱，一旦发病容易造成很严重的危害和大规模流行。

208. 如何防治囊状幼虫病?

（1）管理防治

①加强保温：在蜂箱的副盖下增加一层塑料薄膜以保持巢温，群内保持蜂脾相称，适当密集。

②幽王断子或换王断子：常用的中断子脾有两种方法：一种为幽王断子，即幽闭控制蜂王产卵，把蜂王用线圈式王笼幽闭，插在子脾上，一般幽闭 7～10 天。另一种为换王断子，即除去病群蜂王，换入成熟王台，新王出房交尾后在病群中繁殖。

③及时处理病害子脾及消毒：对蜂具、发病群子脾和场地进行消毒及处理。常用石灰水泡洗或用来苏水喷场地等。

④补充饲喂营养物质：对全场补充饲喂糖水及人工饲料，发病群经喂饲之后能较快恢复正常活动。

⑤选择抗病力强的蜂群进行人工育王：尽快用场内无病群作为种群和育王群进行人工育王，用新王替换抗病弱蜂群中的蜂王。

（2）药物治疗

经笔者研究采用以下药物治疗。

①贯众 1 份，金银花 1 份，虎杖 1 份，甘草 1/3 份。

②野菊花、射干、贯众、生侧柏叶各 1 份。

③半枝莲、黄连素。取原药 50 克（干重），加水 2.5 公斤，煎煮半小时，过滤。取滤液按 1∶1 的比例加入白糖，加 2 片黄连素，调匀后喂蜂。每框蜂喂 100～150 克。

④华千金藤（又名海南金不换）。配制方法同上。每框蜂喂 100～150 克。

⑤抗病毒 682（中国农科院蜜蜂所蜂病室研制）。以 1 个成人量治疗 15 框蜂计算：使用时，药物需煎煮过滤，配 1∶1 糖水喂饲，连续或隔日喂，4～5 次为 1 个疗程。

在治疗中为了同时治疗欧洲幼虫腐臭病，应加一些磺胺类药物以抑制细菌，但不能加抗生素以免污染蜂蜜。

209. 欧洲幼虫腐臭病是什么症状?

欧洲幼虫腐臭病是蜜蜂幼虫的一种细菌传染病，在世界许多国家均有发生。在中蜂上发生较为普遍。发病的症状如下。

幼虫 1~2 日龄的传染病，经 2~3 天潜伏期，病虫失去珍珠般的光泽成为水湿状、浮肿、发黄，体节逐渐消失。幼虫多在 3~4 日龄未封盖时死亡。有些幼虫体卷曲呈螺旋状，有些虫体两端向着巢房口或巢房底，还有一些紧缩在巢房底或挤向巢房口。腐烂的尸体稍有黏性但不能拉成丝状，具有酸臭味。虫尸干燥后变为深褐色，易取出或被工蜂消除，所以巢脾有插花子脾现象。

210. 欧洲幼虫腐臭病的病原和传染途径是什么?

据冯峰报道：欧洲幼虫腐臭病的致病菌是蜂房蜜蜂球菌，其余为次生菌，如蜂房芽孢杆菌、侧芽孢杆菌及其变异型蜜蜂链球菌等。

蜂房蜜蜂球菌主要是通过蜜蜂消化道侵入体内，并在中肠腔内大量繁殖，饲喂幼虫时传染到幼虫。群势弱、蜂巢过于松散、保温不良、饲料不足的蜂群易发病，而在强群中幼虫的营养状况较好，受感染的幼虫发病较轻。

患病幼虫的粪便，排泄残留在巢房里，又成为新的传染源，内勤蜂的清扫和饲喂活动又可将病原传染给健康的幼虫。通过盗蜂和迷巢蜂可使病害在蜂群间传播。蜜蜂相互间的采集活动及养蜂人员不遵守卫生操作规程，都会造成蜂群间病害的传播。

211. 如何防治欧洲幼虫腐臭病?

(1) 加强饲养管理

维持强群，经常保持蜂群有充足的蜂蜜和蜂粮。注意春季对弱群进行合并，做到蜂多于脾。彻底清除患病群的重病巢脾，同时补充蛋白饲料。

(2) 换新蜂王

新的年轻蜂王产卵快，能很快清除病虫，恢复蜂群的健康。

(3) 药物治疗

采用磺胺类药物、黄连素和抗炎中草药（如穿心莲、金银花等）进行治疗。以 1 个成人药量加糖水饲喂 15 框蜂。

212. 中蜂患孢子虫病是什么症状?

中蜂感染孢子虫病后出现急性和慢性两种症状。

①急性：初期成蜂飞行力减弱，行动缓慢，腹背板黑环颜色变深，体色变黑，蜂群蜂王腹部收缩，停止产卵，不安地在巢脾上乱爬。

②慢性：初期病状不明显，工蜂飞行力减弱，造脾能力下降，偶见下痢，蜂群日渐削弱。把有症状的工蜂，用镊子夹住螯针拉出大肠、小肠和中肠，可发现中肠浮肿，环纹不明显，呈灰白或米黄色，有时大肠有粪便积存，略带臭味。

213. 中蜂孢子虫的病原和传染途径是什么?

病原是蜜蜂孢子虫（*Nosema apis Zander*，1909）。通过工蜂间互相传递食物，采集同一朵花传染。另外，人工饲喂的饲料未煮开，用含孢子虫的饲料饲喂蜂群，造成被饲喂的蜂群患病。

214. 如何防治中蜂孢子虫病？

（1）蜂具消毒

将病群的蜂具用2%～3%的氢氧化钠溶液消毒清洗。

（2）药物治疗

①每公斤糖浆中加100克烟曲霉素作为奖励饲养，每周喂1次。

②每公斤糖浆中加入米醋3～4毫升，每隔3～4天喂1次，连喂4～5次。

③每公斤糖浆加入灭滴灵2.4克进行治疗。

215. 为什么说巢虫是中蜂的主要害虫？

巢虫是蜡螟的幼虫。由于中蜂不采集蜂胶，巢虫容易在巢脾中穿行，出现大量不能封盖的白头蛹，造成大量幼虫死亡。严重影响蜂群繁殖，导致蜂群弃巢而逃亡。巢虫是中蜂的主要敌害。防治巢虫是饲养中蜂的主要工作之一。

216. 如何区别大蜡螟与小蜡螟？

大蜡螟与小蜡螟是不同属的两种危害蜂巢的害虫，养蜂员常常易混淆，根据赖德真、张正松及徐祖荫等描述，大蜡螟（图4-9）及小蜡螟主要形态区别如下。

（1）幼虫（俗称巢虫）

大蜡螟小幼虫体灰白色，4日龄前胸背板棕褐色，中部有一条较明显的白黄色分界线，老熟幼虫体长22～25毫米。

小蜡螟小幼虫体色乳白至白黄色，前胸前板呈英黄褐色，中部有一条很不明显的白黄色分界线，老熟幼虫体长12～16毫米。

（2）成虫（俗称蛾子）

大蜡螟雌蛾体长18～20毫米，翅展30～35毫米，下唇须突

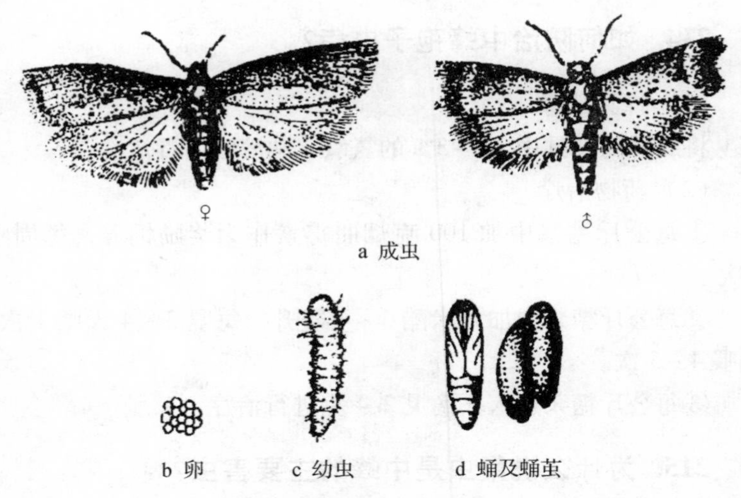

图 4-9 大蜡螟各虫态

出于头前方，前翅略呈长方形，翅色不均匀。雄蛾体长 14 ~ 16 毫米，翅展 25 ~ 29 毫米，前翅外缘有凹陷，略呈“V”形。

小蜡螟雌蛾体长 10 ~ 13 毫米，翅展 20 ~ 25 毫米，下唇须不突出于头前方，前翅扁椭圆形，翅色均匀。雄蛾体长 8 ~ 11 毫米，翅展 17 ~ 22 毫米，前翅基部前缘有一菱形翅痣。

217. 如何防治巢虫?

①经常清除箱底蜡屑是防治小蜡螟危害的重要措施。

②在蜂场日常操作中注意经常收拾残留的各种废巢脾，及时化蜡。对于抽出的多余巢脾，封闭后用燃烧硫黄粉产生的二氧化硫、90% 的冰乙酸蒸气熏杀。冰乙酸除对幼虫外，对卵也有较强的杀灭能力。此外，将巢脾放入 -7 ℃以下的冷库中冷却 5 小时以上也能达到杀灭隐藏在其中的蜡螟幼虫和卵。中蜂群生产的巢蜜中常隐藏一些小蜡螟的幼虫或卵，采用冷冻方法杀灭能取到较

好的效果。

③在夜间将糖与食蜡 1∶1 的糖蜡浆放入小盆，放在蜂场空隙处引诱蜡螟成虫前来吸食并溺死其中，也可以杀灭部分蜡螟，减少巢虫密度，但白天必须及时收回，避免工蜂前来采食。

218. 绒茧蜂危害是什么症状？

椐游兰韶等鉴定，中蜂绒茧蜂为中蜂扁腹茧蜂。陈绍鹄（1989）认为中蜂绒茧蜂为绒茧蜂属一种，属寄生蜂类。主要危害长江以南山区，危害时期为 6—10 月。绒茧蜂将卵产在工蜂体内，被寄生的工蜂，六足紧扑于附着物上，伏于箱底和内壁，腹部稍大，丧失飞行能力，螫针不能伸缩，捕捉时不蜇人。蜂群采集能力下降，常缺乏粉及贮蜜。据陈绍鹄报道，在贵州山区中蜂场夏季寄生率高达 10% 左右，对蜂场造成严重损失。把寄生的工蜂捕捉放入试管中，不久后绒茧寄生蜂的老熟幼虫咬破工蜂的肛门爬出，10 分钟后即吐丝结茧，经 1.5 小时结茧，形成白色茧绒。

219. 如何防治绒茧蜂危害？

中蜂绒茧蜂 10 月中旬以蛹茧在蜂箱裂缝及蜡屑内潜藏越冬，次年 5 月才羽化出茧，寻找工蜂寄生，因此在春季彻底清除蜂箱中的茧蛹是有效防治措施。在蜂箱内发现绒茧蜂成蜂要及时捕杀，可减少危害。

220. 如何防御胡蜂捕食工蜂？

胡蜂，又称马蜂。6—11 月胡蜂是蜂场的主要捕食性敌害。中蜂对其有一定的对抗能力，能用集体的力量消灭入侵胡蜂，而且工蜂飞行迅速，出巢蜂能躲小型胡蜂捕杀。但大型胡蜂捕杀采集的回巢工蜂，并常守在巢门口，使工蜂无法出外采集。

防御方法如下。

①将蜂箱的巢门改为圆形巢门，阻止胡蜂窜入箱内。

②人工捕杀，经常在蜂场中巡察，用蝇拍捕杀在蜂群前后的胡蜂；在蜂场中经常驱逐胡蜂也会减少胡蜂侵入蜂场；毁灭蜂场附近的胡蜂窝等。

③胡蜂到蜂场来还有一个重要因素是喜食甜性物质，而蜂蜜是最引诱胡蜂的甜性物质，因此在蜂场中减少暴露的蜜迹是减少胡蜂危害的措施之一。

221. 如何防治蚂蚁危害?

各种蚂蚁都能进入蜂箱干扰蜂群，驱逐蚂蚁的入侵，不仅增加了工蜂的工作量，还干扰了工蜂的各种正常活动，所以应尽可能减少蚂蚁入侵蜂群。常采取的措施是用4根短木棍支起蜂箱，在木棍中段用透明胶膜缠绕一圈以阻止蚂蚁上爬至蜂箱中。此外，勤清除蜂箱中蜂尸、糖汁以减少引诱蚂蚁的物质。中蜂对蚂蚁的抵抗能力不如意蜂。特别要注意，如发现蚂蚁已到子脾，必须立刻采取消灭或隔堵措施，否则会导致蜂群飞逃。

222. 越冬期和早春工蜂拉稀怎么办?

工蜂拉稀又称下痢病，是越冬期和早春常见的非传染性疾病。

（1）症状

工蜂腹部膨大，直肠中积累大量黄色的粪便，排泄出的是黄褐色稀便，具恶臭气味，发病工蜂只能在巢门板上或前面排便，失去飞行能力，这点与正常排泄飞行不同，健康工蜂是在飞行中排出粪便，而得病工蜂只能在爬行中排泄，而且常排泄后死亡。

（2）病因

在越冬期或者早春，工蜂吃了发酵变质的饲料或者受污染的

水而引起发病。中国农业科学院蜜蜂研究所中蜂试验场 1995 年因饲喂质量差的越冬饲料，造成越冬期工蜂拉稀而损失 1/3 蜂群。

（3）防治

①越冬期和早春喂饲蜂群的糖水必须煮沸。

②患病蜂群可喂大黄糖浆：大黄 100 克，用水煮开加糖水 1 公斤喂蜂 20 框。

③喂姜片糖浆：姜 25 克，加盐少许煮开，加糖 20 克，喂蜂 20 框。

④磺胺类药物：按 1 个成人药量喂 15 框蜂。每日 1 次，连喂 3 ~5 次。

223. 如何预防农药中毒和处理?

农药的使用严重影响蜂群的安全，受到农药威胁的机会常在荔枝花期、农家小菜地、春季油菜花期等。此外，农家一些施用农药的工具混入蜂场被误用而引起蜂群中毒，因此，为了蜂群的安全，养蜂员应注意预防农药中毒。

（1）农药中毒的症状

工蜂中毒后，全身颤抖，在巢门前或者巢脾上乱爬，后足伸直，腹部向内弯曲，最后伸舌而死。当群内出现少数工蜂中毒死亡时，立刻引起周围工蜂的警戒。若具有一定数量的工蜂中毒死亡，就会引起其他工蜂飞逃而去。在野外采集花朵而中毒的工蜂多数死在途中或者巢门外。每隔 10 天检查蜂群时会发现有些蜂群的群势不但没有发展反而减少，这时应考虑是因周围蜜源施用农药，使大量采集工蜂中毒死亡而造成的。

（2）预防方法

对于农药中毒的解救方法都不理想，主要靠预防。

①在果树开花期施用农药，应统一协调，以采蜜后再施药，

如荔枝花期应在采蜜蜂群离开后才施用农药。

②在农家小菜园中施用农药，应统一行动，通知养蜂户在用药当天及以后 1～2 天关闭巢门，不让工蜂出外采集。

③误用盛过农药的瓶子、工具而引起中毒事件，应注意养蜂用具单间存放，严格保护，以使蜂产品及蜂具不受任何药物污染。

④在蜂场周围广泛施用农药，又无法协调统一的情况下，只有把蜂群搬到无农药的山林去躲避一段时间再回来。

224. 环境中哪些有害物质会危害中蜂群？

强光、强风、日晒、高压电磁波、噪声对中蜂群都有强烈干扰。轻度干扰影响蜂群发展，降低抗病能力；重度会导致逃亡。因此，应选择无以上干扰的位置摆放蜂箱。发现蜂群受干扰后，立刻搬离。

225. 如何提高中蜂群的抗病能力？

（1）选育优质，抗病蜂王

我国中蜂隔几年就会暴发囊状幼虫病，造成严重损失。主要原因是没有经常选育抗病蜂王。每次暴发囊幼病后，依靠抗病性强的几群蜂再发展，过几代后抗病性又减弱了，再次暴发病害。

目前，我国没有系统的抗囊幼病的育种工作。笔者每年用 5%～10% 的囊幼病病毒稀释液，在春季喷在幼子脾上，用不发病蜂群人工育王，有效提高了蜂场抗病能力，并使蜂场长期不受囊幼病危害。

不使用急造王台及提前出房的分蜂王台。及时淘汰发过病的，空巢率高的，缺翅、足的蜂王，也可以提高蜂群抗病性能。

（2）保持群势，加强保温

群势太弱不利于群内温度的稳定，使幼虫因温度的波动而降

低抗病能力。因此，群内不能少于 4 张脾、3 框蜂。用塑料布盖在巢框上并垂落在隔板外。

（3）减少人为干扰

人为干扰越多，抗病能力越弱。笔者测验从蜂群中提出子脾后立刻再放回去，24 小时后子脾上的温度才恢复正常。每提一次子脾都会使幼虫的抗病能力下降。因此，尽可能少开箱，多进行箱外观察。

第5章　产品生产技术

226. 蜜蜂生产的产品有几种？各自有什么特点？

意大利蜜蜂和中华蜜蜂共同生产的产品有：蜂蜜、王浆、花粉、蜂蜡、蜂毒、授粉蜂群。意大利蜜蜂增加一种产品——蜂胶。

蜜蜂产品根据来源可分为以下3类。

①由蜜蜂采集物并经工蜂加工后形成的产品，如蜂蜜、蜂花粉、蜂胶等。

②由蜜蜂体内腺体分泌的产品，如蜂王浆、蜂蜡、蜂毒等。

③出售及租用蜂群为农作物授粉。

王浆、蜂蜜、花粉是不需要加工的即食食品。生产过程中，尽可能直接进入商品包装。生产流程必须严格执行食品卫生标准要求。蜂蜡、蜂胶、蜂毒需进行一定加工后才能使用。授粉蜂群是利用蜂群功能的一种商品。

227. 为什么王浆、蜂蜜、蜂花粉是即食食品？

王浆是工蜂头部的王浆腺分泌物，用来饲喂幼虫和蜂王，其营养丰富。即食可被吸收，无不良反应。

蜂蜜是工蜂采的花蜜，在蜜囊中转化为单糖后贮存在蜂房中，分离的蜂蜜，纯净可食。

蜂花粉是工蜂从野外的花蕊中带回巢后，混合其唾液贮存在蜂房中，是幼虫和成蜂的主要蛋白质食物，即食营养丰富。由于

蜂花粉含水分高，常温不易贮存，因此，必须脱水至5%以下才能上市。如果从蜂巢中直接取花粉，经真空包装后直接上市，其营养价值更高。

228. 蜂蜜有几种商品形式？

蜂蜜有两种商品形式，即分离蜜（简称蜂蜜）和巢蜜。分离蜜是脱离巢脾的液态蜂蜜，巢蜜是保留在巢脾上的蜂蜜。市场上的蜂蜜，绝大多数都是分离蜜，少量是巢蜜。巢蜜的价格一般高出分离蜜3~5倍。

229. 生产分离蜜需要什么工具？

分离蜜的生产是将蜂巢中的贮蜜巢脾放置于摇蜜机，又称分蜜机（图2-3），通过离心作用使蜂蜜分离出巢脾。因此，摇蜜机是生产蜂蜜的主要工具。

在蜂蜜生产前，应准备好摇蜜机、割蜜刀、滤蜜器、蜂刷、蜜桶、提桶、喷烟器、空继箱等工具，必要时还要准备防盗纱帐。摇蜜前，必须清洗所有与蜂蜜接触的器具，并清理摇蜜场所的环境卫生。摇蜜机的齿轮和轴承用食用油润滑。为了防止灰尘污染和流蜜后期的盗蜂干扰，取蜜作业最好在室内进行。转地蜂场往往条件较差，如果在流蜜初期和盛期，没有风雨的天气，取蜜可以在蜂场后的空地上进行。流蜜后期盗蜂严重时，取蜜就应在防盗纱帐中或室内进行。

大中型蜂场需建符合国家生产食品安全标准的取蜜车间，并在取蜜车间配备蜂蜜干燥室，装备起重叉车，用于搬运蜂箱和蜜桶。取蜜车间还装置切蜜盖机、大型电动摇蜜机、蜜蜡分离设备、蜜泵、滤蜜器等采蜜设备。有些蜂场还将各种采收蜂蜜的设备和1台发电机安装在一辆卡车上，形成流动的采蜜车间，在各放蜂点巡回采收蜂蜜。

230. 如何提取分离蜜?

（1）提取时间

在流蜜期，一般需每隔 3 天检查 1 次。具有 1/2 以上的蜜房封盖，其余的正在封盖的巢脾，便可以摇蜜。以取贮蜜区的蜂蜜为主，尽量不取育虫区的蜂蜜，以免使分离蜜中混入过多的花粉和水分而影响蜂蜜质量。

应避免在蜂群的采集活动时间摇蜜，以减少刚采集回的花蜜掺到蜂蜜中去，因此，摇蜜一般应在清晨进行。低温季节，为了避免过多影响巢温和幼虫发育，摇蜜时间应安排在中午气温较高的时间进行。

（2）继箱提取

继箱提取是取蜜的主要手段。在继箱上放上半蜜脾或空脾，将蜂王限制在巢箱上。待继箱上个别蜜脾大部分封盖，分离出蜂蜜。

（3）抽脾取蜜

在流蜜初期，依据蜂群内各巢脾贮存蜜的状况，及时抽脾取蜜。这种生产方法能获得较高产量，但含水分高，杂质多，同时影响蜂群正常生活。

（4）浅继箱提取

笔者使用浅继箱提取操作如下。

在巢箱上加 1～3 个浅继箱饲养蜂群，定期检查浅继箱上蜂蜜封盖状况，根据封盖状况添加新的浅继箱，并将已大部分封盖浅继箱脱蜂后，带回固定的蜂蜜生产室储存。待秋天，在封闭无污染的室内将蜂蜜用电动摇蜜机分离出来，并立刻灌装封盖。这种方式生产出的蜂蜜，保证成熟优质、无污染、纯天然，而且在流蜜期也不影响蜂群的正常生活，蜂群对疾病抵抗力强，不易发生各种疾病。

浅继箱取蜜技术必须准备好大量已安装好巢础的浅继箱供替换（图5–1）。

图5–1　备用浅继箱（作者摄）

231. 生产蜂蜜需要哪些操作步骤?

生产蜂蜜的操作步骤：脱蜂、切割蜜盖、摇取蜂蜜。

（1）脱蜂

在生产时，应先在蜜脾提出之前去除脾上的蜂，这个过程就是脱蜂。手工抖蜂是脱蜂的主要操作，就是用双手握紧蜜脾框耳，对准蜂箱内的空处，依靠手腕的力气，突然将蜜脾上下迅速抖动4～5下，使附着的蜂脱离蜜脾落入蜂箱。抖蜂后，如果脾上仍有少量蜂，可用蜂刷轻轻地扫除。巢脾满箱的蜂群，在无盗蜂的情况下，脱蜂前可先提出1～2张脾，靠放在蜂箱外侧或放在预先准备好的空继箱中，蜂箱中留出来的空位便于抖蜂。抖蜂操作应注意：巢脾要始终保持垂直状态，巢脾不可提得太高，巢脾在提起和抖动时不能碰撞蜂箱的前后壁和两侧巢脾，以防挤压蜂巢激怒其他工蜂。最好先找到蜂王，把带蜂王的巢脾靠到边上后，再抖其他巢脾。如果激怒工蜂，可用喷烟器向蜂箱内适当喷烟以镇服蜜蜂，待蜜蜂安定后再继续进行操作。箱内喷烟时应注意不能将烟灰喷入箱内，以免污染蜂巢中的贮蜜。

用浅继箱或继箱取蜜，不用手工抖蜂脱蜂，用吹风机从蜂路中将蜂吹入巢箱中。

除用手抖脱蜂外，也可用小型吹风机脱蜂（图 5–2）。

图 5–2 电吹风机脱蜂（作者摄）

（2）切割蜜盖

采回的花蜜酿制成蜂蜜后，又称成熟了。工蜂用蜂蜡将蜜房封盖，因此，脱蜂后，在分离蜂蜜之前还需把蜜盖割开。切割蜜盖采用手工切割，割蜜刀在使用前应先磨利。切割蜜盖时，将巢脾垂直竖起，割蜜刀齐着巢脾的上框梁由下向上拉锯式徐徐切割，也可以从下向上切割蜡盖。切割蜜盖应小心操作，不得损坏巢房，尤其不能损伤子脾。

切割下来的蜜盖用干净的容器盛装，待蜂蜜采收结束，再进行蜜蜡分离处理。蜜蜡分离的常用方法是：将蜜盖放置在铁纱或尼龙网上静置，下面用容器盛接滤出滴下的蜂蜜。

（3）分离蜂蜜

分离蜂蜜的方法：采用离心式摇蜜机（又称分蜜机）分离蜂蜜。根据离心作用原理设计的摇蜜机种类很多，基本上可分为手动摇蜜机和电动摇蜜机两大类。目前普遍使用的是手动二框摇蜜机（图 2–3）。这种摇蜜机构造简单、造价低、体积小、携带方便。在使用时，下面有蜂蜜流出口的摇蜜机应放在机架上使用。机架的高度应使流出口下面能放下一承接蜂蜜的提桶，其摇把的高度宜与操作者肘部等高。切割蜜盖之后，将蜜脾放入摇蜜机中的固定框笼中。为了使摇蜜机框笼在转动时保持平衡，避免摇蜜机不稳定或震动太大，同时放入的两个蜜脾重量应尽量相同，巢脾上梁方向相反。用手摇转摇蜜机，最初转动缓慢，然后逐渐加快，且用力要均匀。摇转的速度不能过快，尤其在分离新脾中的蜂蜜时更应注意，以防止巢脾断裂损坏。在脾中贮蜜浓度较高的情况下，由于蜂蜜黏稠度大不易分离，应在将蜜脾一侧贮蜜摇取一半时，将巢脾翻转，取出另一侧巢房中的贮蜜，最后再把原来一侧剩余的贮蜜取出，这样可以避免蜜脾在加速旋转的摇蜜机中，朝向摇蜜机内侧的压力过大而造成巢脾损坏。如果使用不开流蜜口的分蜜机，在取蜜时，当取出的蜂蜜快积到框笼内的巢脾下的框耳时，就应将蜂蜜倒出来。

在低气温的季节，必须在室内取蜜，取蜜的温度维持在 26～28 ℃。蜜脾温度过低易使巢脾中贮蜜黏稠度增大，不易分离。巢脾在低温中变脆，在摇取蜂蜜时容易损坏。一般来说，从蜂箱中脱蜂后直接取蜜，不存在此问题。如果蜜脾早已脱蜂取出，准备集中分离蜂蜜，就应将这些蜜脾在温室中放置一夜后再进行分离。为了提高采收蜂蜜的浓度，蜜脾封盖后还要放入干燥的温室中继续排除蜂蜜中的水分。干燥室的温度控制在 38℃左右。从干燥室中取出的蜜脾也正适合切割蜜盖和分离蜂蜜。

室外生产蜂蜜作业分工：以 3 人配合效率最高，1 人负责抽脾脱蜂，1 人切割蜜盖，这 2 人还要兼管来回传递巢脾和将空脾归还原箱，还有 1 人专门负责分离蜂蜜。室内操作只需几人负责割蜜盖，1 人将割好蜜盖的蜜脾放入摇蜜机中，开动电动摇蜜机分离出蜂蜜（图 5–3）。

a 枣花蜜

b 油菜花蜜

图 5–3 蜂蜜

232. 生产出的蜂蜜如何储存?

分离出来的蜂蜜需经双层铁纱滤蜜器过滤，除去蜂尸、蜂蜡等杂物，将蜂蜜集中于大口容器中澄清。1 ~ 2 天后，蜜中细小的蜡屑和泡沫浮到蜂蜜表面，沙粒等较重的异物沉落到底部。把蜂蜜表面浮起的泡沫等取出，去除底层异物，将纯净的蜂蜜装桶封存。

按蜂蜜的品种、等级分别装入清洁、涂有无毒树脂的蜂蜜专用铁桶或大的陶器中。蜂蜜装桶量以 80% 为宜。蜂蜜装桶过满，在贮运过程中容易溢出，高温季节还易受热胀裂蜜桶。蜂蜜具很强的吸湿性，因此蜂蜜装桶后必须封紧，以防蜂蜜吸湿后含水量增高。贮蜜容器上应贴上标签，标注蜂蜜的品种、浓度、重量、

产地及取蜜日期等。作为商品的蜂蜜应尽早送交收购部门验收，一时难以调运或自留处理的蜂蜜，应选择阴凉、干燥、通风、清洁的场所存放。严禁将蜂蜜与有异味或有毒的物品放置在一起。

233. 取蜜之后的多余巢脾如何处理？

取蜜后的多余巢脾中还残留少量的余蜜，应将这些巢脾放置隔板外侧，或流蜜期后放置在继箱上，让蜜蜂清理干净后撤出。每群蜜蜂一次可清理1～2个继箱的空巢脾，清理2～3天就可将这些巢脾收存。

234. 如何降低蜂蜜的含水量？

从巢脾上分割蜂蜜时，蜜脾常是上半部封盖，下半部未封盖。未封盖部分含水量较高，因此使摇出的蜂蜜的含水量升高。为了使未封盖巢房里的蜜降低含水量，需进行热浓缩。

具体做法：在室内，将蜜脾悬挂在架上，用约38 ℃的热风吹24小时。经热风吹后，能使未封盖房的蜜失去部分水分，使摇出的蜂蜜完全达到国家标准。

235. 真空过滤膜脱水会影响蜂蜜质量吗？

市场出售的各种蜂蜜真空浓缩机，都必须将蜂蜜加热到50 ℃以上，才能通过膜过滤去除部分水分，以提高蜂蜜的浓度。由于蜂蜜加热后才能进行脱水浓缩，造成许多小分子蛋白受破坏，严重地破坏了蜂蜜的天然营养成分，大大降低了蜂蜜的营养价值。当前，有一种错误的论调：“蜂蜜必须通过真空浓缩机后才能消毒，才能食用。”这是没有科学根据的谬论。蜂蜜是自身能杀死微生物的天然食品，不需任何加工。

236. 如何从饲养在蜂桶中的蜂群取蜜？

在一些山区、生态保护区，中蜂依然保持在圆桶等固定巢脾中饲养，取蜜时切下封盖蜜脾，撕成小块，装在纱布内，用手挤出蜂蜜。操作时必须套上消毒手套，在洁净的室内进行。挤出的蜂蜜立刻装瓶，封口保存。这种蜂蜜浓度大，含有花粉，营养价值高，但在操作过程中容易被污染。

将蜂桶改成多层式，下层繁殖，上层可安巢蜜格生产巢蜜。生产的巢蜜纯白，不容易受污染，可直接出售，深受游客喜爱，具有广阔的市场前景。

237. 从活框饲养的中蜂群取蜜应注意什么？

中蜂群势小，基本上 10 框箱，或者 12 框箱即满足蜂群的要求。贮蜜区和育子区一般都没分开。从育子区中的巢脾取蜜，脾上的巢房中往往有蜜蜂的卵、虫、蛹。为了减少对蜜蜂卵、虫、蛹发育的影响，提出的巢脾应立即分离蜂蜜，并于取蜜后迅速将巢脾放回原群。最好采用提边脾取蜜，边脾有 1/2 封盖蜜即提出取蜜，边脾下部常有少数幼虫，摇蜜时常将幼虫摇出，幼虫房的液体也流出到蜜中，使蜂蜜含水量增加。因此，中蜂蜜容易发酵，不能贮放太久。

在取蜜过程中，要避免碰坏脾面，损伤蜂子。分离子脾上的蜂蜜，分蜜机摇转速度比取意蜂蜂蜜慢，以防幼虫被甩出或使幼虫移位造成伤害。使用中标式箱、中一式箱、GN 式箱饲养，上加浅继箱，待浅继箱上的蜜都封盖后再取蜜。通过这种方法得到的蜜，水分低，花香味浓，品质好。

238. 如何防止生产有毒蜂蜜？

长江以南山区的雷公藤属、钩吻花（断肠草）等植物分泌

的花蜜、花粉对人体有毒害作用，而这些花蜜只有中蜂能采集。吃了这些有毒蜂蜜，严重的导致死亡，特别是夏季新蜜毒性大。笔者在云南双柏县就考察过因吃雷公藤蜜死亡事件。有毒蜂蜜置放半年后，毒性会降低些。因此夏季生产的蜜当年不能食用，过冬后可食用。

239. 巢蜜是什么蜂蜜?

巢蜜是蜜蜂酿造的成熟蜂蜜，留在巢脾中出售的称巢蜜。

巢蜜中的蜂蜜在工蜂新筑造的巢脾中封存，能够更多地保留蜜源花朵所特有的清香，完整地保留蜂蜜中所有的营养成分。巢蜜减少了分离蜜在分离、包装和贮运过程中的污染和营养成分的破坏，因此，其酶值、含水量、羟甲基糠醛、重金属离子等质量指标均优于分离蜜。此外，巢蜜还具有蜂巢的价值，能清洁口腔。

巢蜜有 3 种商品形式：格子巢蜜、切块巢蜜和混合巢蜜。格子巢蜜是用特制的巢蜜格，镶装特薄巢础造脾，贮蜜成熟全部封盖后，包装出售的蜂蜜产品，形状有正方形、长方形、圆形和六边形。切块巢蜜是将大块巢蜜切割成一定大小和形状的小蜜块，包装后出售。混合巢蜜是将切块巢蜜放在透明容器中，注入同蜜种的分离蜜所形成的蜂蜜商品。

240. 生产巢蜜需要什么条件?

①蜜源条件：花期长、泌蜜量大的蜜源。

刺槐、紫云英、苜蓿、椴树、荆条、草木樨等都是巢蜜生产的好蜜源，其蜂蜜色泽浅淡，气味清香，不易结晶，而油菜蜜和棉花蜜容易结晶，结晶的巢蜜商品外观较差，价格较低。

②蜂群条件：选择 12 框蜂以上、健康无病、具有优质蜂王的蜂群生产巢蜜。当蜜源开花时，撤去原来的继箱，将蜂王和面

积大的子脾留在巢箱里。多余的巢脾（包括部分虫卵脾）调给其他蜂群。在巢箱上加已安好巢蜜格的巢蜜继箱（浅继箱）。

241. 生产巢蜜需要什么工具?

生产巢蜜的工具包括巢蜜继箱、巢蜜格、巢蜜盒和巢蜜框架等。

巢蜜格（图 5-4）：用薄木板或塑料制作的小框梁，通常采用正方形、长方形。正方形巢蜜格尺寸为 107.95 毫米 ×107.95 毫米 ×47.625 毫米，带蜂路的巢蜜格为 107.95 毫米 ×107.95 毫米 ×39.875 毫米。长方形巢蜜格尺寸是 98 毫米 ×72 毫米 ×26 毫米，带蜂路的巢蜜格为 100 毫米 ×70 毫米 ×30 毫米。此外，可以据市场需求生产圆形、三角形等巢蜜格。

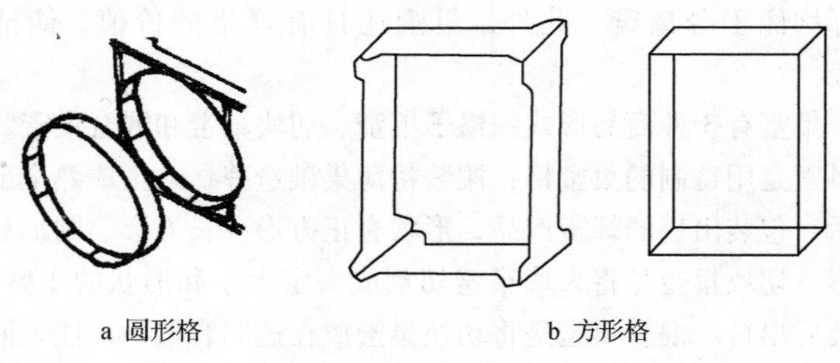

a 圆形格　　b 方形格

图 5-4　巢蜜格

巢蜜盒：巢蜜的外包装，按巢蜜的形状、大小设计。可用纸板或透明塑料等材料制作。

巢础：生产小块巢蜜必须采用纯净蜂蜡特制的薄型巢础。大块巢蜜用的是普通巢础。

巢础模盒：木板制成的切开巢础的模型。在盒的两个长壁上，按需要规格预先锯成细缝，用时将若干张长条形巢础整齐地叠在盒内，用薄刀或弓锯缝将巢础裁断。

巢础垫板：将大小比巢蜜格内围小 2 ~ 3 毫米、形状与巢蜜格相同的小木块乳胶黏在一块大木板上，各块间距 20 毫米，每块板上黏的木块数通常为 10 ~ 12 块。木块高度略小于巢蜜格厚度的一半，使巢础片正好镶嵌在巢蜜格的中间。使用时，将巢蜜格套在木块上，置切好的巢础片于格内，用熔化的蜂蜡把巢础固定在巢蜜格中。

巢蜜框架：框式架（图 5-5）内围长度根据巢蜜格多少而定，宽度与巢蜜格相同。

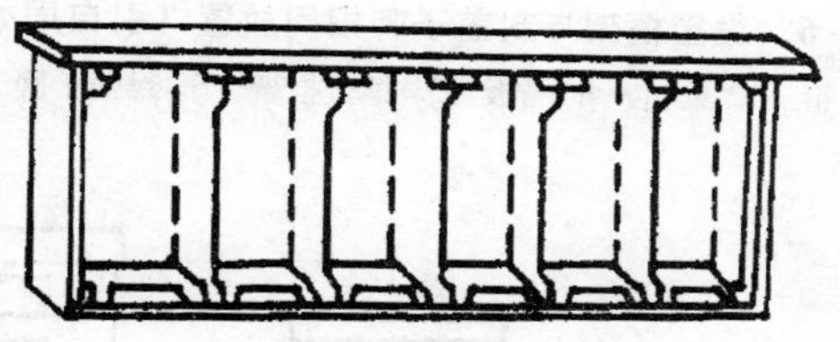

图 5-5　方形巢蜜框架

242. 生产巢蜜有哪些操作流程？

（1）加巢蜜格造脾和贮蜜

有两个蜜源衔接的地区，利用前一蜜源造脾，后一蜜源贮蜜；只有一个主要蜜源的地区，在主要蜜源未流蜜之前，宜先用蜜水喂足蜂群，促使造脾。用巢蜜框架生产巢蜜时，采用两个巢蜜继箱，每层巢蜜继箱放 3 排巢蜜框架，上下相对，与封盖子脾相间放置（图 5-6）。

当巢蜜框架贮上一半蜂蜜后，将封盖子脾放回巢箱，将巢蜜框架集中在一个巢蜜继箱内，同时加第 2 个巢蜜继箱。第 2 个巢蜜继箱加在第 1 个巢蜜继箱的上面，等到第 2 个巢蜜继箱内的巢蜜格脾造好时，将第 2 个巢蜜继箱移到第 1 个巢蜜继箱的下面，即巢箱之上（图 5-7）。通常加 2 个继箱，巢蜜修好后，取巢蜜

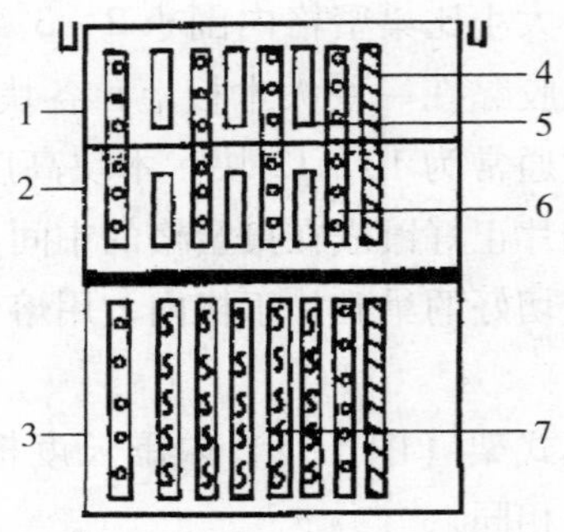

图 5-6　巢蜜框架与封盖子脾相间放置（引自周冰峰）

1～2. 浅继箱　3. 巢箱　4. 隔板　5. 巢蜜框架　6. 封盖子脾　7. 卵虫脾

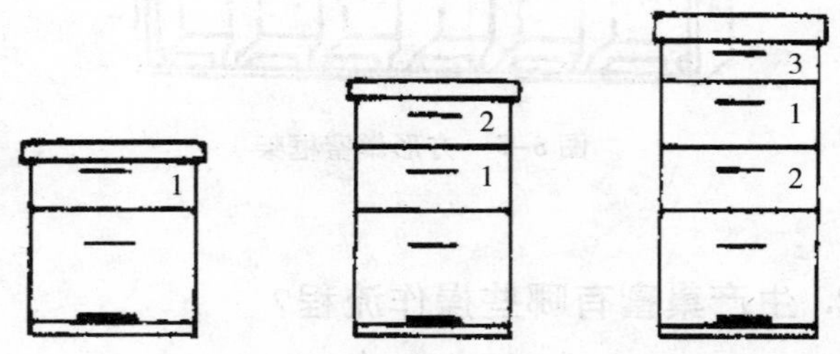

图 5-7　添加巢蜜继箱顺序（仿周冰峰）

格继箱。最多偶尔加 3 个巢蜜继箱为止，再多不利于工蜂上去修脾，也容易引起盗蜂。

（2）控制自然分蜂

用于生产巢蜜的蜂群必须具有强大群势。生产期间把 2 个箱体减为 1 个箱体，上面只加一个巢蜜继箱时，容易促成分蜂热，发生自然分蜂。可采取两种方法控制分蜂热。

①增大群内空间：扩大巢门，添加继箱。采用框架生产的，可以加 2 个巢蜜继箱，以适当扩大空间。必要时，将巢蜜生产群刚封盖的子脾与一般蜂群的幼虫脾交换。

②毁除王台：每隔3～4天需检查生产群。在第2次检查时若发现王台，应将蜂王杀死并毁掉所有王台。4天后，再次检查，毁除所有的王台。8天后，再毁掉所有王台，并诱入1个成熟王台或1只新产卵的蜂王。

（3）平整巢蜜的封盖

工蜂习惯于在同一方向造脾，或者把蜂蜜装在巢脾后半部，前半部贮蜜较少，而外界蜜源流蜜量不稳定，饲喂量忽多忽少，也容易出现封盖不平整的现象。为此，框架生产巢蜜，在每行（或每两框）之间宜加一薄木板控制蜂路，以免蜜蜂任意加高蜜房；每次检查和调整巢蜜继箱时，将巢蜜继箱前后调头放置，促使蜜蜂造脾、贮蜜均匀；主要蜜源流蜜量大时，及时添加装有蜜格的继箱；饲喂时，根据贮蜜情况，掌握适宜的饲喂量和饲喂时间。

当主要蜜源即将结束，蜂箱内有部分巢蜜格尚未贮满蜜或尚未完成封盖时，可用同一品种的蜂蜜饲喂，早、晚各一次，每次1.5公斤。如果蜜格内已贮满蜜，但未封盖，可于每晚酌量饲喂，促使封盖。如果巢蜜格中部开始封盖，周围仍不完满，则限量饲喂，饲喂量不可过大。为便于加强通风，饲喂期间不宜盖严覆布。

（4）采收与包装

巢蜜格贮满蜜并已全部封盖时，应及时取出。巢蜜格的封盖不可能完全一致，可分期分批采收，勿久置蜂群中，以防止蜡盖上由于蜜蜂往来而留下污迹。采收巢蜜用蜂刷驱逐附着的蜂时，动作宜轻，以免损坏蜡盖。成批收获可用脱蜂板或吹蜂机，切不可用喷烟器驱蜂，以免工蜂受刺激后吸吮贮蜜和烟灰污染蜡盖。采回巢蜜后，用不锈钢薄刀片割去蜜格的边沿和四角上的蜂胶、蜡瘤及其他污迹。不能刮去的蜂胶污迹，可用纱布浸稀酒精擦拭。整修巢蜜格时，对巢蜜格逐个挑选、分级、称重，分别用玻璃纸或无毒塑料薄膜封装，放入有窗口的纸板盒内或无毒透明的塑料盒内（图 5–8）。

a 方形巢蜜盒
(蜜重250克)

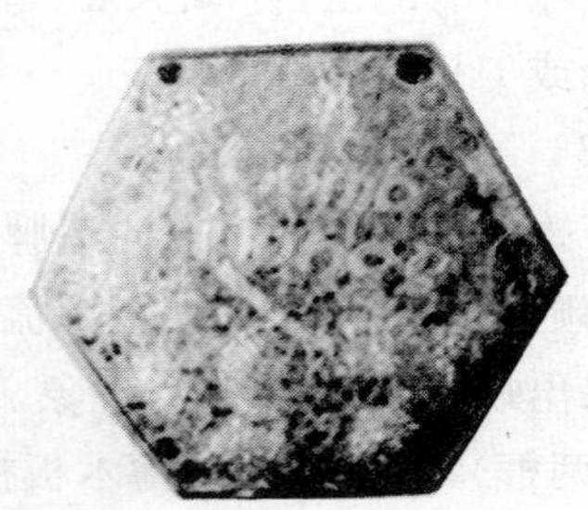

b 六角形巢蜜盒
(蜜重110克)

图 5–8 巢蜜

243. 中蜂生产巢蜜需要什么工具?

中蜂巢蜡纯白、无味，能生产出质量好、气味纯正的巢蜜。20 世纪 80 年代初，我国广东生产中蜂巢蜜。

中蜂生产巢蜜的工具如下（图 5–9）。

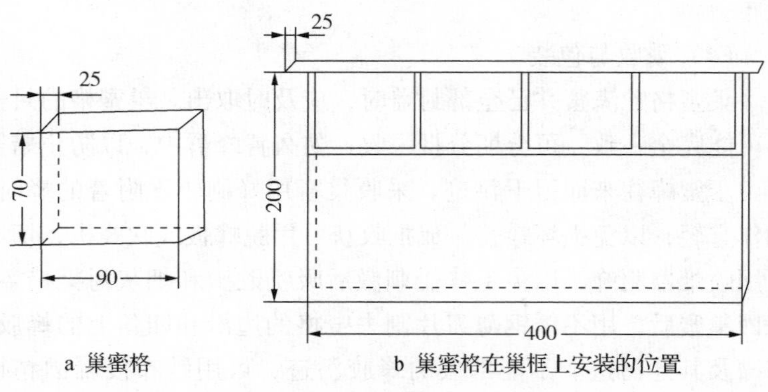

a 巢蜜格　　b 巢蜜格在巢框上安装的位置

图 5–9 巢蜜生产工具及设置（单位：毫米）（作者绘）

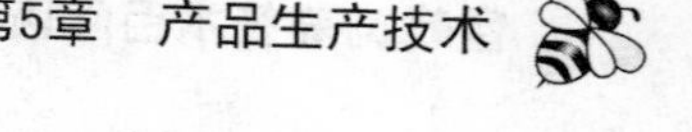

①巢蜜格：用薄木板或无毒塑料制作而成的框格，多数是用无蜂路方框格。通常使用9.0 厘米 ×7.0 厘米 ×2.5 厘米的框格。

②装格巢框：把巢框在距离上梁 7.2 厘米处钉一个与上梁平行的1.0 厘米 ×0.6 厘米的木条作为中梁，中梁上安装巢蜜格。

③箱底饲喂器：用薄木板或塑料制成25.0 厘米 ×28.0 厘米 ×2.5 厘米的浅饲喂器，在加工过程中用以盛原料蜜。

244. 中蜂生产巢蜜的操作流程是什么？

①造基础脾：将巢础安装在巢框中让蜂群先在其中造成浅巢脾后，再按巢脾框大小切开安装到巢蜜格内。

②饲喂稀蜜：把波美度只有 37 ~ 38 度的稀蜂蜜，盛放在箱底饲喂器中，饲喂生产巢蜜的蜂群，直至巢蜜封盖。

③加工巢蜜：巢蜜开始封盖时，改喂加少量醋酸的蜂蜜（按每公斤蜂蜜加0.5克醋酸），使巢蜜封盖面结白加固。

④杀巢虫：将封盖好的巢蜜装入巢蜜盒，封闭后放入钴放射源放射消毒，杀死其中的巢虫卵。使用钴的放射量需经过试验后确定放射强度，以能杀死巢虫卵为准。

⑤贴商标：消好毒的巢蜜贴上商标后即可出售。如果出售单位有冰箱，以保存在冰箱冷藏室为宜。

枇杷、荔枝、山乌桕、春山花、野坝子、柃、黄芩等花蜜都适合生产巢蜜出售。

245. 蜂王浆是什么物质？

蜂王浆是由工蜂头部的王浆腺和上颚腺分泌的乳白色或淡黄色、略带甜味和酸涩味的乳浆状物质，是蜂王的食物，所以被称为蜂王浆。蜂王浆也是工蜂和雄蜂小幼虫的食物，故也称之为蜂乳。蜂王浆中含有10 多种氨基酸和10-羟基-2-癸烯酸，能激发细胞活性，是一种天然的营养物质。

246. 生产蜂王浆需要什么条件?

①产浆工具：产浆框、塑料台基、移虫舌、割台刀、镊子、取浆舌、清台器、贮浆瓶、直空抽气机等。

②平均气温稳定在 15 ℃以上，外界已有丰富的粉源，生产群的最小群势应在 8 框以上。

247. 如何组织产浆群?

在产浆移虫前 1 天组织产浆群。用隔王板将蜂巢分隔成无王的产浆区和有王的育虫区。产浆区中间放 3 张小幼虫脾，用以吸引哺育蜂在产浆区中心集中，两侧分别放置粉蜜脾等。育子区应保留空脾、正在羽化出房的封盖子脾等有空巢房的巢脾，以提供蜂王充足的产卵位置。

①单箱产浆群：蜜蜂群势达 8 框，可组织成单箱产浆群。用框式隔王栅将巢箱分隔为产浆区和育虫区。育虫区的大小应根据蜂群的发展需要确定，若需促进蜂群的发展，就应留大育虫区，调入空脾，抽出刚封盖子脾。

②继箱产浆群：蜜蜂群势达 10 框以上，加继箱组织成继箱产浆群。用平面隔王栅将继箱和巢箱分隔为产浆区和育虫区。巢箱和继箱的巢脾数量应大致相等，且排放在蜂箱内的同一侧。气温较低的季节，应注意在箱内保温。

248. 如何进行生产蜂王浆的操作?

蜂王浆生产的操作过程包括人工台基的制作和安装、修台、移虫和补移、取浆、清台和换台等。

(1) 台基的制作和安装

台基有两种，一种是蜂蜡台基，另一种是塑料台基。近年来，在蜂王浆的生产中，塑料台基已基本取代了蜂蜡台基。人工

台基均需安装到产浆框上，产浆框多为4个台基条，每条可安装25～33个台基。蜂王浆高产蜂种的产浆框可放5根台基条，每根台基条可安装2行台基。

蜂蜡台基的制作：先将蜂蜡放在双重水浴锅中加热，温度保持68～72℃；再将用清水浸过3～5小时的台基棒在熔蜡液中蘸1～2次，台基棒深入蜡液10～12毫米；最后用手将蜂蜡台基轻旋下。蜂蜡台基要求底稍厚，上口略薄。蜂蜡台基全部制成后，在台基的底部蘸少许蜡液后立即黏附在产浆框的台基条上。黏台应端正、牢固。

塑料台基的使用相对简单，单个台基可用熔化的蜡液或白乳胶等黏附在台基条上，更多的塑料台基为几十个台基连成台基条，只需直接用细铁线绑在台基条上即可。还有的台基条的梁加厚，取代台基条的功能，可从产浆框的台基条上拆下，将这种梁加厚的台基条直接安装在产浆框上（图5–10）。

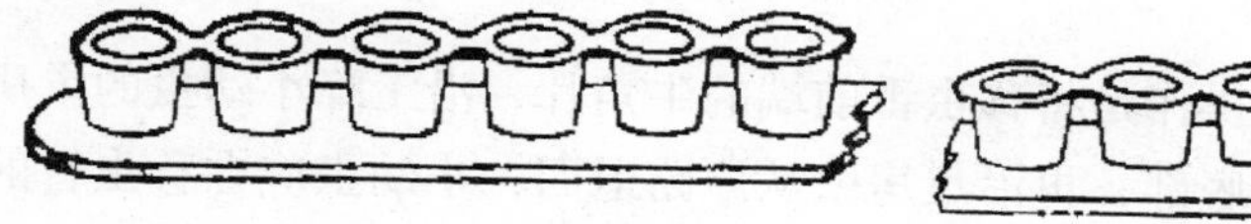

图5–10　塑料台基

目前市场上出售的塑料台基，二台紧靠，过于密集，不符合蜂群建造王台的生物学要求，造成工蜂分泌的王浆含液体过多、有效物质减少等，严重影响质量。可向厂方定制塑料台基间距10毫米左右的台基条，以生产出质量高的王浆。

（2）清台

人工台基与蜂群中的自然王台总是存在差别，将人工台基直接移虫很少被蜂群接受。人工台基在使用前，需先经蜂群清理修整后才能移虫。蜂蜡台基黏在产浆框上以后，需放入产浆群清理2～3小时，但清台时间不宜过长，否则蜂蜡台基会被工蜂啃光。

塑料台基与自然台基差别更大，且不易被工蜂破坏，所以塑料台基的清台时间可以长些，需要 1 ~ 2 天。有的塑料台基内表面有一层类似油脂的物质，需用温水加洗涤剂浸泡后，再用清水反复冲洗干净，放入蜂群中再清理。

（3）移虫和补移

移虫是用移虫舌将工蜂巢房中的小幼虫移入已清理的台基内。移虫要求动作准确，操作快速，日龄一致，避免碰伤幼虫。移虫需要在明亮、清洁、温暖、无灰尘的场所进行，避免太阳光线直射幼虫。巢脾脱蜂后平放在隔板上。幼虫脾颜色不宜过深，也不宜过浅。脾的颜色过深，巢房较暗，寻找适龄小幼虫较困难；脾的颜色过浅，巢房中茧衣过少，移虫时很容易捅漏巢房。幼虫脾脱蜂不宜重抖，以防巢房内的工蜂小幼虫移位，影响移虫操作和接受率。移虫时产浆框放在小幼虫脾上，只将移虫的王台条调整至台口朝上，其余台口均朝向侧面，以防异物落入台基内。

移虫操作是将移虫舌前端的牛角片，沿工蜂小幼虫的巢房壁深入巢房底部，再沿巢房壁从原路退回，小幼虫应在移虫舌的舌尖部。将移虫舌的端部放入台基的底部，轻推移虫舌的舌杆将小幼虫放入（图 3–6）。移虫速度影响移入幼虫的接受率。

第 1 次移虫的产浆框往往接受率较低。移虫的第 2 天，在未接受的王台中再移入与其他台基内同龄的工蜂小幼虫，这就是补移。移虫第 2 天检查，如果接受率不低于 70%，不进行补移；接受率低于 70%，需将产浆框上的蜜蜂脱除，将未接受的蜂蜡台基口扩展开，或将塑料台基中的残蜡清除干净，然后再移入工蜂小幼虫。

（4）取浆

移虫后 68 小时王台中王浆最多，是取浆最佳时间。取浆时必须注意个人卫生和环境卫生，包括需要接触蜂王浆的工具和

容器。

打开产浆群的箱盖和副盖，提出产浆框。手提产浆框侧条下端，使台口向上，轻轻抖落蜜蜂，剩余少量的蜜蜂用蜂刷扫除。产浆框脱蜂不宜重抖，以免台中的幼虫移位，王浆散开，不便操作。产浆框取出后尽快将台中的幼虫取出，以减少幼虫在王台中继续消耗蜂王浆。将产浆框立起，用锋利的割台刀将台口加高的部分割除。割台时应小心，避免割破幼虫。幼虫的体液进入蜂王浆中将产生许多小泡，感官上与蜂王浆发酵相似。割台后，放平产浆框，将台基条的台口向上，用镊子将幼虫从台中取出。取幼虫时应按顺序，避免遗漏（图 5-11）。

图 5-11　产浆王台（作者供）

①取浆舌挖取王浆：用竹片、木片或塑料片做成 20 ~ 30 厘米，一头细圆，一头扁平如舌，而宽度小于王台口径的取浆舌。每挖一个王台就将舌面上的王浆经盛浆瓶的瓶口沿刮入瓶内，由于取浆舌上王浆常不易脱落，必须备杯净水洗舌面，因此，王浆容易受污染。这种方法生产的王浆含有后加的水分，破坏了王浆的自然特性。在生产中使用的小型盛浆瓶装满后，瓶口挂满王

浆，不能直接封口成商品包装，必须倒瓶再次分装，因而会受多次污染，严重破坏王浆的质量。

②采用吸浆器取浆（图5–12）：通过吸浆器的吸口，直接将王台内王浆吸入，通过管道放入盛浆瓶中，根据市场需求使用不同容量盛浆瓶。装满后，直接封口，贴商标进入市场。这种取浆方法可以保证王浆质量而且不受污染，但操作比较复杂。

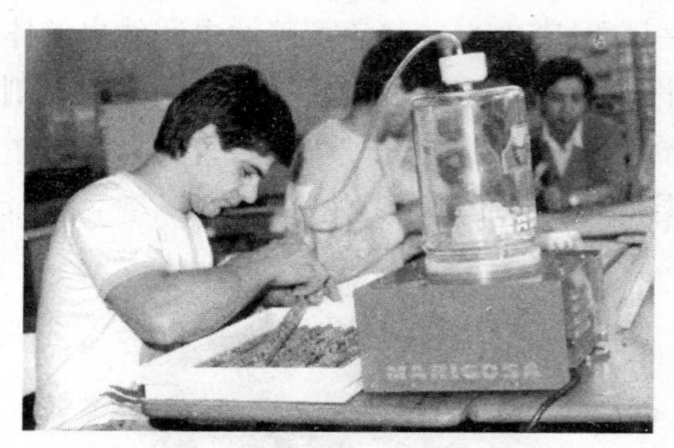

图5–12　电动吸浆机（作者摄）

可购置0.5匹、低压的小型真空抽气机改成吸浆机，也可从蜂具企业中直接购买吸浆机。生产过程为防止污染，应在清洁的室内进行。吸浆时应将台基内的蜂王浆取尽，以防残留的蜂王浆干燥，影响下一次产浆的质量。

通过吸浆机生产的王浆，从王台内到盛浆瓶没有掺加任何其他异物，保持了王浆的天然质量。

（5）清台和换台

蜂蜡台基经过多次产浆颜色变深，台基条上出现赘脾，王台中残浆增厚，致使产浆量降低，接受率减少，因此，蜂蜡台基使用7～9次后需要更换王台。塑料台基的台壁常附有蜡瘤等，取浆后需认真清理。

若在同一产浆框上同时有新、旧台基，蜜蜂不易接受新台

基。产浆框上缺失的台基必须用已被接受的王台补上。未接受的塑料台基内堆有赘蜡，需将台基内的杂质清理干净，点少许王浆即可移虫。

249. 如何生产质好量高的蜂王浆？

（1）选育和引进蜂王浆高产蜂种

购买高产蜂王，在其后代选育高产质好的品系，作为繁育用种王。

（2）选择台基类型

塑料台基主要有3种类型：上口大下底小的锥形台基，上口和下底等径的直筒形台基，上口和下底等径、中间较粗的坛形台基。在产浆量高的季节，坛形台基产浆量最高，直筒形台基次之，锥形台基最少；在产浆量不高时，移虫接受率锥形台基最高，直筒形台基次之，坛形台基最低。

（3）选择不同口径台基

塑料台基的上口直径有9.0毫米、9.4毫米、9.8毫米和11.0毫米等几种。产浆能力强时选用9.8毫米、11.0毫米等口径较大的台基，产浆能力下降时选用9.0毫米、9.4毫米等口径较小的台基。

250. 中蜂如何生产王浆？

（1）产浆条件准备

①产浆群的选择：产浆群的群势超过5框，群内子脾多，蜜粉贮存充足，群内有大量青年工蜂。

②移虫的日龄：方文富研究得出，用2日龄幼虫产浆接受率高达87.73%，而1日龄幼虫只有68.75%。这两种日龄的幼虫浆量无显著差异。

（2）操作程序

移虫前 1 天，需将产浆群的蜂王隔开，如果是使用长卧式蜂箱，可将蜂王隔在蜂箱另一头，不必另开巢门。如果产浆群已开始建造分蜂王台，那么移虫后第 3 天可以将原蜂王放回，利用有王群生产王浆。如果外界蜜粉源较差，天气较冷，产浆群内未产生分蜂热，即必须无王群产浆。每次移虫 50～60 个，接受率提高后可增加到 80 个产浆台。

（3）取浆时间

①一般在移虫 60～65 小时后取浆。陈松年（1982）提出移虫 65 小时以后取浆最佳，方文富（1994）提出 66～78 小时后取浆台平均产浆量最多。具体时间应视王台内王浆量与幼虫体积之比而定，王浆量超过幼虫时就可以取浆。

②连续生产王浆时间：通常产浆群取 2 次王浆后，应补充幼虫脾到产浆群内以抑制工蜂产卵。如果到产浆群内幼虫脾少，可将原蜂王放回产卵，1 周之后，再继续生产王浆，不然产浆群会发生工蜂产卵的情况。

中蜂的王浆含水量比意蜂低，癸烯酸含量高于意蜂，是一种优质王浆。如果提高中蜂产浆能力，又有合理的市场价格，中蜂可以生产王浆产品。

251. 蜂花粉是什么物质？

蜂花粉是蜜蜂从粉源植物花朵的雄蕊上采集的植物雄性配子，称花粉。经工蜂唾液混合加工后贮存在工蜂巢房底部，是蜂群的主要蛋白质食物（图 5-13）。

意大利蜜蜂等外来品种，只能利用大宗粉源植物，采集的蜂花粉毒性小。中蜂除利用大宗蜜源外，还能利用一些有毒植物花粉，容易引起中毒。因此，购买花粉食用时，要买单花粉，不买杂花粉。

生产花粉的蜂群应远离城市、发电厂、化工厂等空气受污染地区，因为污染的微粒子会落在雄蕊上，污染花粉。

图 5–13　蜂花粉（作者供）

252. 如何选择脱粉器？

脱粉器是采收蜂花粉的工具，其类型比较多。各类脱粉器主要由脱粉孔板和集粉箱两大部分构成（图 5–14）。此外，有的脱粉器还设有脱蜂器、落粉板和外壳等构造。

脱粉器的关键在于脱粉孔板上的脱粉孔的孔径大小。脱粉孔的孔径偏大，携粉工蜂归巢时能轻易通过脱粉孔板，不易截留花粉团；如果孔径偏小，携粉工蜂通过脱粉孔板很费力，易造成巢门堵塞，影响蜜蜂进出巢活动，并且易对蜜蜂造成伤害。

在选择使用脱粉器时，脱粉孔板的孔径应根据蜂体的大小、脱粉孔板的材料及加工制造方法决定。选择脱粉器的原则是既不能损伤蜜蜂，使蜜蜂进出巢比较自如，也要保证脱粉效果达 75% 以上。

工蜂个体大的蜂群进行蜂花粉生产，就应选择孔径稍大的脱粉器。用硬塑料板、薄金属板等材料钻孔制成的脱粉孔板，其脱

图 5-14　巢门脱粉器（作者供）

粉孔边缘棱角锐利，甚至还可能带有毛刺，使用这种类型的脱粉器，可选择脱粉孔的孔径稍大些的。用不锈钢丝等材料绕制而成的脱粉孔板，其孔的边缘比较圆钝，不容易伤害蜜蜂，使用这类脱粉器，可选择脱粉孔的孔径稍小些的。国内生产蜂花粉所使用的脱粉器的脱粉孔孔径为 4.5～5.0 毫米，一般情况下 4.7 毫米最合适。

在粉源植物开花季节，当蜂群大量采进花粉时，把蜂箱前的巢门档取下，在巢门前安装脱粉器进行蜂花粉生产。脱粉器的安装应在蜜蜂采粉较多时进行。多数粉源植物花朵都在早晨和上午呈现花粉。雨后初晴或阴天湿润的天气蜜蜂采粉多，干燥的晴天则不利于蜂体黏附花粉，影响蜜蜂采集花粉。

253. 如何安装脱粉器？

脱粉器的安装要保证使所有进出巢的蜜蜂都通过脱粉孔。初装置脱粉器时，采集归巢的工蜂进巢受脱粉孔板的阻碍很不习惯，如果相邻的蜂群没有装置脱粉器，就会出现采集蜂向附近没有脱粉的蜂群偏集的现象，造成蜂群管理上的麻烦。因此，在生产蜂花粉时，应该全场蜂群同时安装脱粉器，至少也要同一排的

蜂群同时脱粉。

使用金属脱粉孔板的脱粉器，蜂箱的巢门应朝向西南方向。如果按一般的蜂箱排放方式，巢门向东或东南，上午的阳光就会直射巢门，使金属脱粉器被太阳晒得过热，采粉归巢的工蜂不肯接触晒热的脱粉器，而在巢门前徘徊不肯进巢。为了避免这种情况，上午脱粉的蜂群应逐渐调整蜂箱，使巢门转向西南。

脱粉器放置在蜂箱巢门前的时间长短，可根据蜂群巢内的花粉贮存量、蜂群的日采进花粉量决定。蜂群采进的花粉数量多，巢内贮粉充足，则脱粉器放置的时间可相对长一些。脱粉的强度以不影响蜂群的正常发展为度，一般情况下，每天的脱粉时间为1~3小时。

254. 如何干燥蜂花粉？

新采收下来的蜂花粉含水量很高，常达10%~20%，采收后如果不及时处理，蜂花粉很容易发霉变质，所以，新鲜蜂花粉采收后应及时进行干燥处理。作为商品的蜂花粉，含水量必须降到2%~5%。蜂花粉干燥脱水的方法较多，包括自然干燥、火炕烘干、烘干箱干燥、真空干燥、硅胶干燥等。在蜂花粉干燥过程中，应注意烘干的温度不能过高（一般不超过46 ℃），也不能用阳光直接照射，以免蜂花粉中的营养成分遭受过多的破坏。蜂花粉的不同干燥方法各有其特点，在生产中可根据具体条件和要求进行选择。

干燥处理后的蜂花粉，需用手工或过筛等方法剔除蜂尸、草根等杂物，如果生产纯色蜂花粉，应去除个别的杂色花粉团。蜂花粉经过灭菌后装入较厚的纸袋中，外套无毒塑料袋封装，或者装入密封的金属桶、塑料桶等容器中封存。储存蜂花粉应放在干燥、避光、低温和防鼠的地方，有条件的存放在4 ℃以下的冷库中更为理想。

（1）自然干燥

将少量的新鲜蜂花粉置于铁纱副盖上或特制大面积细纱网上，薄薄地摊开，厚度不超过20毫米，放在干燥通风的地方自然风干。有条件的还可用电风扇等进行辅助通风。在晾干过程中，蜂花粉需要经常翻动。自然干燥同样也需要防止灰尘和细菌污染。这种干燥处理方法具有日晒干燥的优点，并能减少因日晒造成蜂花粉的营养损失和活性降低。但是，自然干燥需要的时间较长，且干燥的程度也往往不如日晒干燥。

（2）远红外恒温干燥箱烘干

使用体积小、造价低、耗电省、热效率高、便于携带的蜂花粉远红外干燥箱进行烘干。使用时，先将恒温干燥箱的箱内温度调整稳定在43～46 ℃，再把新鲜的蜂花粉放入烘干箱中6～10小时。用远红外恒温干燥箱烘干蜂花粉具有省工、省力、干燥快、质量好等优点，但有设备和电源要求。

（3）干燥剂干燥

使用的化学干燥剂必须无毒、无异味、吸湿性强、活化简便、价格适当。可用于干燥蜂花粉的化学干燥剂主要有硅胶、无水硫酸镁、无水氯化钠、无水氯化钙等。在这些化学干燥剂中最具代表性的是硅胶，它具有很强的吸湿能力。由于作为干燥剂的硅胶中加入了一定量的氯化钴来充当吸湿程度的指示剂，故硅胶吸收水分后，颜色由蓝色逐渐变成粉红色。在密封性强的木制干燥箱中，用铁纱平行分为数层，把蜂花粉和硅胶干燥剂间隔地分层铺放，密封一昼夜后取出完成干燥的蜂花粉。干燥箱中硅胶的用量宜多不宜少，大约是蜂花粉的2倍。利用硅胶处理新鲜的蜂花粉，能够很好地保持蜂花粉的活性。虽然硅胶的成本较高，但却可以重复利用，所以硅胶干燥蜂花粉是值得推广的好方法。吸湿后变为粉红色的硅胶，可放入烘干箱中、火炕上烘干或在阳光下晒干，当硅胶重新变为蓝色时，可以重复使用。

255. 中蜂如何生产蜂花粉?

外界有丰富的蜜粉源，群内有3张卵、子脾，群势在4框以上的蜂群，便可以生产蜂花粉。

（1）安装封闭巢门脱粉器

将蜂箱的巢门板取下，安装封闭巢门脱粉器，中华蜜蜂脱粉孔孔径为4.2~4.5毫米。目前市场上出售的脱粉器孔孔径为5.0~5.1毫米，只适合意蜂。因此，购买时要注意孔径的大小。使用平板的巢门脱粉器，虽然孔径合适，但带花粉团的工蜂常常胸部进入后腹部无法再进入，悬挂在脱粉板上，头在孔内，后足的花粉团在孔外，花粉团不脱落。带粉工蜂把脱粉孔堵塞，使其他工蜂无法进入巢内。不久蜂箱前积累许多采集蜂，影响蜂群正常采集活动，迫使养蜂员取下脱粉器，停止收集花粉，而这种现象在意蜂中不会出现，其原因是中蜂采花粉工蜂向内钻的力量小，无法使后足花粉篮上的花粉团脱落。笔者在两排脱粉孔中间，加垫一个小木条，木条高2毫米，以供采花工蜂的后足蹬上，加大向内冲力使花粉团脱落。经试验，这种方法能使大部分工蜂脱落后足的花粉团后进入巢内，保持蜂群正常的采集活动。

（2）花粉的收集及贮存

每隔2~3天需将收集盒中的花粉收集，置于多层的花粉盘中烘干，或用远红外花粉干燥箱干燥，使花粉的含水量降低至8%以下，才能装入封闭严密的容器或双层塑料袋中保存。

（3）管理要点

早春流蜜期、度夏时间不宜安装脱粉器生产花粉。分蜂后的原群及分出群都不宜生产花粉。

256. 如何提高蜂花粉质量?

在蜂花粉生产过程中，应提高单一种类蜂花粉纯度、防止混入杂质、避免有害物质污染等技术措施，提高蜂花粉的质量。

（1）提高单一种类蜂花粉纯度

单一种类纯蜂花粉的商品价值比杂花粉高得多。提高蜂花粉的纯度是提高蜂花粉质量的重要措施。除了注意选择在单一粉源植物开花的场地放蜂外，在两种以上粉源植物同期开花的场地，可利用各种粉源植物花朵花药开裂提供花粉的时间不同，采用分段脱粉的措施来提高蜂花粉的纯度。

（2）防止污染

在蜂花粉生产过程中，应防止灰尘等杂物混入，尤其是在干燥多风的地区更应注意。在安装脱粉器前，应先将箱盖、蜂箱前壁、巢门踏板清洗干净。蜂花粉生产群应放置在灰尘较少的地方。在干燥多风的北方，脱粉蜂群应放置在绿色植被环境的清洁草地上。

生产蜂花粉还应防止有毒物质的污染和营养成分的破坏。蜂花粉生产还应避开工业污染严重的地区。在工业“三废”污染严重的地区，生产的蜂花粉中铅、砷等对人体有害物质的含量超过了国家食品卫生标准。此外，也不宜在花期经常喷洒农药的蜜粉源场地生产蜂花粉，以免采收的蜂花粉被农药污染。

（3）脱粉期间不割除雄蜂蛹

割除雄蜂蛹后，蜂群就要对割开的雄蜂房内的虫蛹进行清理，因此，割除雄蜂蛹后脱粉，会使许多虫蛹残体落入集粉盒，混入花粉团中。由于受脱粉孔板的阻隔，工蜂不能将较大的雄蜂蛹拖出蜂巢，使巢门内堆积大量的虫蛹躯体，影响了工蜂的清巢活动，所以，割完雄蜂蛹的蜂群，应在1~2天后，等这些雄蜂虫蛹清除干净后，再进行脱粉。

（4）避开有毒粉源

在长江以南各省山区，雷公藤、藜芦、钩吻花（断肠草）等有毒蜜粉源植物往往与主要蜜粉源植物同期开花，在这样的场

地放蜂进行蜂花粉生产，易使蜂花粉中混入有毒的花粉，为此需特别注意。

257. 什么是蜂胶？其主要成分是什么？

引进的西方蜜蜂，从植物的嫩芽、树干裂隙中采集分泌物，混合唾液堵塞蜂窝的缝隙物，称蜂胶。其主要成分是树脂，其中含有大量黄酮类物质，这些物质对厌氧细菌有抑制作用。

西方蜜蜂因品种不同，其采胶能力也不同。例如，高加索蜜蜂采胶能力最强，意大利蜜蜂和欧洲黑蜂次之，卡尼鄂拉蜜蜂和东北黑蜂最差。杂交蜂中，含有高加索蜜蜂血统的蜂群，通常也能表现出较强的采胶能力。属东方蜜蜂种的中蜂不采集和使用蜂胶（图 5–15）。

图 5–15 蜂胶（作者供）

258. 什么地方有蜂胶？

蜂群的集胶特点是：蜂巢上方集胶最多，其次为框梁、箱壁、隔板、巢门等位置。蜜蜂积极用蜂胶填补缝隙的宽度也因巢内的不同部位而异，巢上方 1.0 ~ 3.0 毫米，巢中部 1.0 ~ 2.0 毫米，巢下部 1.0 ~ 1.5 毫米的缝隙填胶量最大。填胶深度一般为

1.5~3.0毫米。

从事采胶的蜜蜂多为较老的工蜂。在胶源丰富的地区，大流蜜期后利用蜂群内的老工蜂生产蜂胶，可以充分利用蜂群生产力创造价值。

259. 如何生产蜂胶？

蜂胶生产方法主要有3种：结合蜂群管理随时刮取，利用覆布、尼龙纱和双层纱盖等收取，利用集胶器集取。

（1）结合蜂群管理刮取

这是最简单、最原始的采胶方法，直接从蜂箱中的覆布、巢框上梁、副盖等蜂胶聚集较多的地方刮取蜂胶。在开箱检查管理蜂群时，开启副盖、提出巢脾，随手刮取收集蜂胶。用这种方法收集的蜂胶质量较差，采集时必须去除赘脾、蜂尸、蜡瘤、木屑等杂物。也可以将积有较多蜂胶的隔王栅、铁纱副盖等换下来，保存在清洁的场所，等气温下降，蜂胶变硬变脆时，放在干净的报纸上，用小锤或起刮刀等轻轻地敲打。为了提高刮取巢框上蜂胶的速度和质量，可用白铁皮或旧罐头皮钉在框梁上。

（2）利用覆布、尼龙纱、双层纱盖产胶

①用优质较厚的白布、麻布、帆布等作为覆布集胶：盖在副盖或隔王栅下方的巢脾上梁上，并在框梁上横放2~3根细木条或小树枝，使覆布与框梁之间保持2~3毫米的缝隙，这样，蜜蜂就会把蜂胶填充在覆布和框梁之间。取胶时，把覆布上的蜂胶于日光下晒软后，用起刮刀刮取。取胶后，覆布放回蜂箱原位继续集胶。覆布放回蜂箱时，应注意将沾有蜂胶的一面朝下，保持蜂胶只在覆布的一面。放在隔王栅下方的覆布不能将隔王栅全部遮住，应留下100毫米的通道，以便于蜜蜂在巢箱和继箱间的通行。

在气温较低的季节用覆布取胶有利于蜂群的保温，但到了炎

热的夏季，使用覆布生产蜂胶就会造成蜂群巢内闷热、通风不良，这时可用尼龙纱代替覆布集胶。当尼龙纱集满蜂胶后，放进冰箱等低温环境中，使蜂胶变硬变脆，然后将尼龙纱卷成卷，用木棒敲打，蜂胶就会呈块状脱落，进一步揉搓就会取尽蜂胶或用蜂胶滚轮（图5–16）在覆布上滚动使蜂胶脱落。

图5–16 蜂胶滚轮

②在尼龙纱的上面加盖1块覆布集胶：一般情况下，1个强群约20天就能用蜂胶将覆布和尼龙纱黏在一起。检查蜂群时，打开副盖，让太阳把蜂胶晒软，再轻轻分开覆布和尼龙纱。覆布和尼龙纱分开时，覆布上的蜂胶受拉力作用成丝柱状。检查蜂群后，再将覆布和尼龙纱放在一起，继续放在框梁上集胶。这时尼龙纱与框梁、尼龙纱与覆布之间又形成了新的空隙，以利于蜜蜂在此处继续填积蜂胶。采胶时，提起尼龙纱，用起刮刀在框梁上刀刃向前推进，边揭边刮，要尽量使蜂胶黏附在尼龙纱上。

③双层纱盖集胶：就是利用蜜蜂常在铁纱副盖上填积蜂胶的特点，用图钉将普通铁纱副盖无铁纱的一面钉上尼龙纱，形成双层纱盖。使用时，将铁纱盖尼龙纱的一面朝向箱内，使蜜蜂在尼龙纱上集胶。利用双层纱盖生产蜂胶，既可获得较多的优质蜂胶，又可充分发挥铁纱副盖的通风作用，延长铁纱副盖的使用

寿命。

如果外界胶源丰富，蜂群采胶积极，一般每隔15天就可取胶1次。

(3) 使用集胶器产胶

集胶器是根据蜜蜂在巢内集胶的生物学特性设计的蜂胶生产工具，用以提高蜂胶的产量和质量。

①框式格栅集胶器：这种集胶器是苏联养蜂者使用的一种集胶器。它由一个金属外框和若干个小金属棒组成。金属框上边和下边相应各打一排小孔，金属棒插入小孔中，组成集胶栅栏(图5-17)。

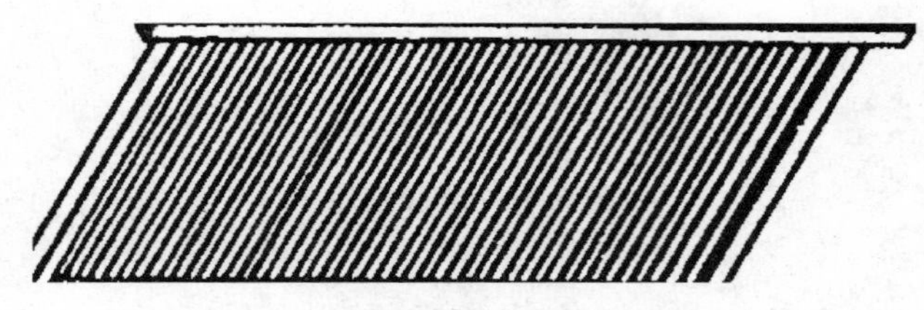

图5-17　框式格栅集胶器（引自周冰峰）

格栅集胶器的外形及大小似巢框，厚度仅为巢框的一半。小金属棒的直径约3毫米，由小金属棒构成的集胶缝隙为3~4毫米。生产蜂胶时，将集胶器放在蜂箱中隔板的位置上集胶，待集胶器上的蜂胶集满后，取出集胶器，再将集胶器上的小金属棒按顺序逐根抽出，即可取下蜂胶。

②可调式格栅集胶器：可调式格栅集胶器由中国农业科学院蜜蜂研究所研制。集胶器由若干根横向板条、2根纵向板条及小铁钉构成。板条的材料以选择吸水性强的杉木为宜。横向板条宽20毫米，厚5毫米；纵向板条宽25毫米，厚5毫米。横向板条之间的距离为10毫米。每根横向板条两端都各用1根小铁钉固定在纵向板条上。当需调节集胶器的缝隙时，只要将可调式格栅

集胶器立起，使其一个角落地，然后压它的对角，就可以任意调节横向板条间的缝隙大小。开始使用时，先将横向板条间的缝隙调节到2～3 毫米的距离。可调式集胶器在蜂箱内的集胶位置，与格栅式集胶器相同。使用这种集胶器，1 年只需采收 1 次蜂胶。在采收蜂胶时，将这种集胶器浸入冷水中，蜂胶便很容易脱落。

③巢框集胶器：在巢框上钉些薄木条或竹片，以构成人为的缝隙和凹角，促使蜜蜂在巢框上多积胶。板条的宽度为 6～9 毫米，厚度为 3～5 毫米，长度与巢框的上下梁一致。这样的木条或竹片在巢框上梁共钉 4 根，即上面钉 2 根，两侧各钉 1 根；在巢框下梁共钉 3 根，下面钉 1 根，两侧各钉 1 根。巢框集胶器平时作为一般巢框使用，在蜂群越冬前取出采胶。每个巢框集胶器 1 年可获得 5～17 克蜂胶，而普通巢框上只能收取 2 克蜂胶。

260. 如何生产出高质量的蜂胶？

采收蜂胶时应注意清洁卫生，不能将蜂胶随意乱放。蜂胶内不可混入泥沙、蜂蜡、蜂尸、木屑等杂物。在蜂巢内各部位收取的蜂胶质量不同，因此，在不同部位收取的蜂胶应分别存放。蜂胶生产应避开蜂群的增长期、交尾群、新分出群、换新王群等，因在上述情况下蜂群泌蜡积极，易使蜂胶中的蜂蜡含量过高。采收蜂胶前，应先将赘脾、蜡瘤等清理干净，以免蜂胶中混入较多的蜂蜡。

在生产蜂胶期间，蜂群不能使用农药，以防药物污染蜂胶。为了防止蜂胶中有效成分被破坏，蜂胶在采收时不可用水煮或长时间地日晒。

为了减少蜂胶中芳香物质的挥发，采收后应及时用无毒塑料袋封装，并标明采收的时间、地点和胶源树种。蜂胶应存放在清洁、阴凉、避光、通风、干燥、无异味、20 ℃以下的地方，不可与化肥、农药、化学试剂等有毒物质存放在一起。一般当年采收的蜂胶质量好，经 1 年贮存后品质较差。

261. 蜂蜡是什么物质？

蜂蜡是蜜蜂的分泌物，用作建造蜂巢。分泌蜂蜡的器官称为蜡腺和蜡镜，在工蜂的每节体节的腹部。

蜜蜂属 7 个蜂种都能生产蜂蜡，以中华蜜蜂的蜡质最好，价值最高。

蜂蜡具有绝缘、防腐、防锈、防水、润滑和不裂等特性，广泛应用于光学、电子、机械、轻工、化工、医药、食品、纺织、印染等工业和农业生产。蜂蜡又是制造巢础的原料。

262. 如何生产蜂蜡？

（1）多造巢脾

一张巢脾除了巢础之外，还有 60 克以上的蜂蜡。在蜜粉源丰富的季节，是蜂群泌蜡造脾的时机，淘汰旧脾，多造新脾，这是生产蜂蜡的主要途径。淘汰的旧巢脾应妥善保管，或及时熔化提炼蜂蜡，以防巢虫蛀食。

在流蜜期应尽量放宽贮蜜区中的脾间蜂路，使巢脾上的蜜房封盖加高突出。取蜜时，割下突出的蜜房蜡盖，收集后进行蜜蜡分离处理。蜜盖的蜂蜡质量比较好，应单独收集存放。

（2）采蜡巢框

采蜡巢框可用普通巢框改制。改装时，先把巢框的上梁拆下，在侧条上部的 1/3 处钉上 1 根横木条，然后在巢框侧条顶端各钉上 1 块坚固的铁皮作为框耳，巢框的上梁放在铁皮框耳上。采蜡巢框上部用于采收蜂蜡，下部仍镶装巢础，供蜂群造脾、贮粉蜜、产卵育虫等。根据外界蜜粉源条件和蜜蜂的群势大小，每群蜜蜂可放 2 ~5 个采蜡巢框。等采蜡巢框上部的脾造好后，就

可将上梁取下，割脾收蜡。割脾时，最好在上梁的下方留下一行巢房，不要将脾全部割尽，以吸引蜂群在此基础上快速填造。采蜡后，再把采蜡框放回蜂群继续生产（图 5–18）。

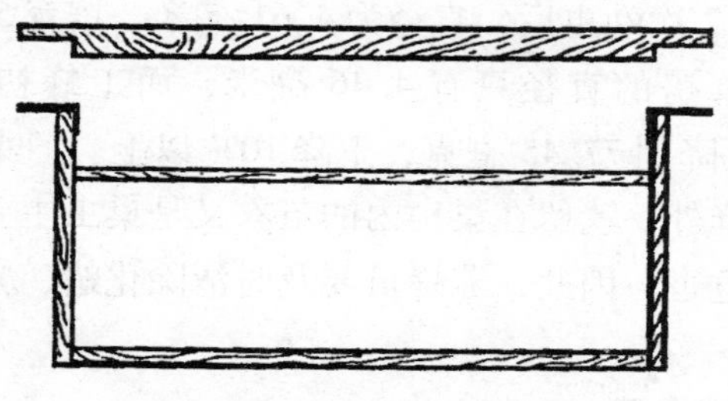

图 5–18　采蜡巢框（作者供）

使用采蜡巢框生产蜂蜡，还是了解蜂群状况的一个手段。如果全场多数蜂群都积极泌蜡造脾，只有个别蜂群不造脾，则说明这些蜂群有可能失王或发生较严重的分蜂热。

（3）随时检查蜂群

割下碎蜡、破巢、赘脾。

（4）日光晒蜡

日光晒蜡就是利用太阳能来提取蜂蜡。日光晒蜡器是具有双层玻璃盖的单斜面长方形木箱，箱内斜放着一端开口的金属承蜡浅盘，以承放赘脾、残蜡。承蜡盘的开口下方，有一个承接蜂蜡的小槽。日光晒蜡器的所有外壁，都涂上黑漆，以增加阳光热量的吸收。这种提炼蜂蜡的方法，一般适用于赘脾、残蜡、废蜡和封盖蜡中的蜂蜡提取。老旧巢脾中茧衣多，而茧衣吸附蜂蜡的能力很强，不宜用日光晒蜡器提炼蜂蜡。

263. 中蜂如何生产蜂蜡？

蜂蜡是中蜂群生产的主要产品之一，生产蜂蜡需注意以下几个问题。

（1）及时清除旧巢脾

中蜂越冬及度夏之后都有许多旧巢，这些旧巢不利于幼虫的哺育。据余林生（1997）测定工蜂巢房直径：新巢脾 4. 65 毫米，培育 1 ~ 2 次幼虫后，直径为 4. 61 毫米，培育 5 次以上幼虫的巢脾，工蜂房的直径只有 4. 46 毫米，而工蜂初生重从平均 85. 49 毫克下降到 77. 45 毫克，下降 10% 以上。旧巢脾除了使幼虫初生重下降外，遗留在巢房内的茧衣又是巢虫主要食物，很容易引起巢虫危害。因此，养蜂员要及时清除化蜡，紧缩巢脾，加新础造脾。

（2）采蜡巢框

用普通巢框改制（图 5–18），拆下上梁，在侧条 1/4 处钉一横木条，两侧条顶端钉上铁皮框耳，放好上梁，上部黏 5 ~ 10 毫米巢础条，用来采蜡，下部仍装巢础，让工蜂筑巢，产卵。等上面部分造好巢脾，即割去化蜡，再让工蜂继续造脾。装采蜡巢框只宜在蜜粉源丰富的春夏之交进行，蜜源缺乏时不能生产。

（3）收集蜂场中的零星碎脾

每次检查蜂群刮下的赘脾、老巢脾、蜡屑及时收集，放入化蜡器中化蜡。

（4）化蜡

室外化蜡只能在晚上进行，白天进行会引诱工蜂，而使大量工蜂死在煮脾锅内。煮脾时，先用猛火，水开后用文火。煮脾的锅内，必须先放入水，一般先放半锅水，然后再放巢脾，待巢脾全部溶化后，用铁钳把断铁丝全部夹出后再用铁勺，连水带渣盛入麻袋，绑紧麻袋口，放入榨蜡器内压榨。捏成团的蜡，再放入干净的铝锅中加水溶化，然后倒入盛有少量凉水的面盆内，蜡没有凝结之前放入一条麻线，凝结后提麻线，纯的蜡饼便提出来了。这种蜡饼可以长期保存，不会变质和受虫害。及时化脾取蜡，可以提高蜂蜡生产量。

264. 蜂蜡如何提纯？

（1）简易热压法

把旧巢脾、碎蜡等原料装入小麻袋中，扎住袋口，放入大锅中加水烧煮。麻袋中的蜂蜡受热熔化成蜡液，渗出麻袋浮在水面。煮沸半小时左右，提出麻袋，使锅中的蜡液和水冷却，等水面上的蜂蜡凝固后，刮去底部的杂质，即可得到纯蜂蜡。

麻袋中的蜡渣还含有很多蜂蜡。麻袋从锅中取出后，应立即趁热用简易压蜡工具把旧巢脾中剩余的蜂蜡从麻袋中挤压出来。一般的简易压蜡工具可用约 2 米长、200 毫米宽、30～50 毫米厚的木板，一端用绳绑在条凳的端部。把装有蜡渣的麻袋置于木板与条凳之间，条凳下放一个盛水的大盆。然后在木板的另一端用力向下挤压，并在挤压的同时拧紧麻袋，将蜡液从麻袋中挤出，使其流入盆中，在水面上凝固。最后收集水面上的蜂蜡，熔化后固定成形。

（2）简易热滤法

把旧巢脾从巢框上割下后，去除脾中铁丝，放入大锅中。锅中添水加热煮沸，充分搅拌，蜂蜡熔化后浮在水面。在锅中压进一块铁纱，把比水轻的茧衣、木屑、草棍等杂质压在锅底层，使蜡液和杂质分开。把锅中上层带有蜡液的水取出，放入盛凉水的容器中。带有蜡液的水取出后，锅中的蜡渣可再加水煮沸。如此反复 3 次，就可基本提尽蜂蜡。最后将水中的蜂蜡集中加热熔化，再冷却凝固成形。

（3）机械榨蜡

机械榨蜡是利用榨蜡器提炼蜂蜡的方法。机械榨蜡使用的设备主要是螺旋榨蜡器，它由螺旋压榨杆、铁架、圆形压榨桶及上挤板和下挤板等部件组成，又称螺旋榨蜡器（图 5-19）。

将煮沸的蜡原料趁热装入麻袋，放入榨蜡桶内，依靠上压

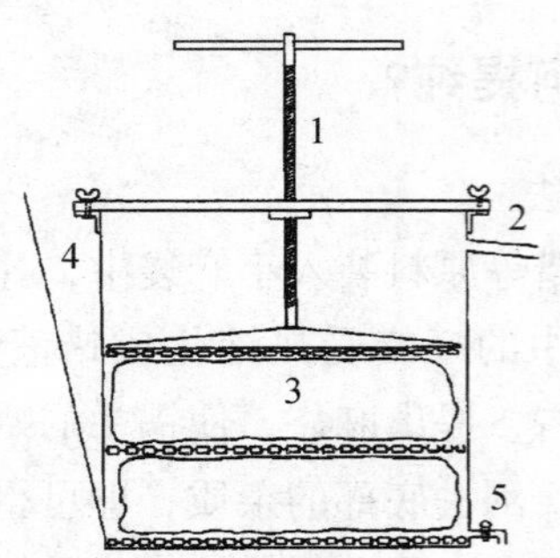

图 5-19　螺旋榨蜡器（作者供）

1. 螺旋杆　2. 出蜡口　3. 蜡袋　4. 热水进口　5. 热水出口

板，旋动螺旋杆将水和熔蜡榨出流入容器中。这种榨蜡器榨蜡干净，而且可以浇入热水保持温度，出蜡孔与外孔分开，蜂蜡提出率较高，可达 80% 左右。盛器内先放少量凉水，热的熔蜡水到盛器后，逐渐冷却，蜡浮在上面，渣沉在下面。冷却后，用手把上面的蜡捞起，捏成团。下面的渣和麻袋内的渣，可再放入锅内化蜡。

（4）提炼蜂蜡应注意的问题

为了防止蜂蜡颜色变深、降低蜂蜡等级，在收集蜂蜡原料时应尽可能避免混入死蜂等杂质。旧巢脾化蜡前，先将巢脾中的铁丝剔除，然后整碎成小块，浸入水中数天，漂洗 2 ~ 3 次后，进行化蜡。

旧脾、蜜盖等蜂蜡提炼原料应及时化蜡榨取，不宜久存，以防被巢虫毁坏。新采收的蜡框上的蜂蜡比旧脾的蜂蜡质量好，应单独存放，分别提炼。

加热压榨蜂蜡时，温度不能超过 85 ℃，温度过高，不但会降低蜂蜡的质量，而且还会引起火灾。蜂蜡在提炼过程中，应尽量减少蜡液与铜、铁、锌等金属容器的接触，以防蜂蜡受污染。

提炼后的成品蜂蜡应按质量标准分类，用麻袋包装，贮存于干燥通风处。因为蜂蜡具微甜的气味，易遭受虫蛀和鼠害，所以平时应勤检查，妥善保管。

265. 蜂毒是什么物质？

蜂毒是工蜂蜇刺时分泌的毒汁，其主要成分是蜂毒溶血肽，其次是磷脂酶、生物胺等 20 多种物质。许多单组分在分子生物学和医学上有重要价值，蜂毒是有待开发的产品。如何从蜂毒中分离出纯净的单组分是研究的难点。中华蜜蜂和意大利蜜蜂生产蜂毒的方法基本一致。

266. 取蜂毒用什么工具？

使用电取蜂毒器采集蜂毒。电取蜂毒器式样很多，但基本原理和构造相似。电取蜂毒器由两部分组成：一部分是控制器，其作用是产生断续电流刺激蜜蜂使其排毒；另一部分是取毒器，包括由金属丝制成的栅状电网和电网下接受蜂毒的载体——玻璃板或带有尼龙布的玻璃板。当蜜蜂停在电网上时，因受控制器产生的断续电流的刺激，螫针排毒，蜂毒排在玻璃板上，很快挥发成晶体（图 5–20）。

（1）平板式电取毒器

又称单元板采毒器。福建农业大学养蜂系研制的 QF-1 型蜜蜂电子自动取毒器（图 5–20），将玻璃载体和栅状电网安置在一个方形框内，框的内径和外径与相接的巢箱一致，高度 2 厘米左右，玻璃载体切成与框高一致的玻璃条，两面各附 2 条金属丝，通电后形成栅状电网。平板式取毒器安放在巢箱上端，板上加继箱或浅继箱，再盖好箱盖。工蜂可以自由地从巢箱进入继箱，当输入 10 ~ 40 V 的电流后，工蜂受电击而向玻璃载体上排毒，一段时间后，取下玻璃条，用刀片将蜂毒刮下，收集在棕色玻璃瓶

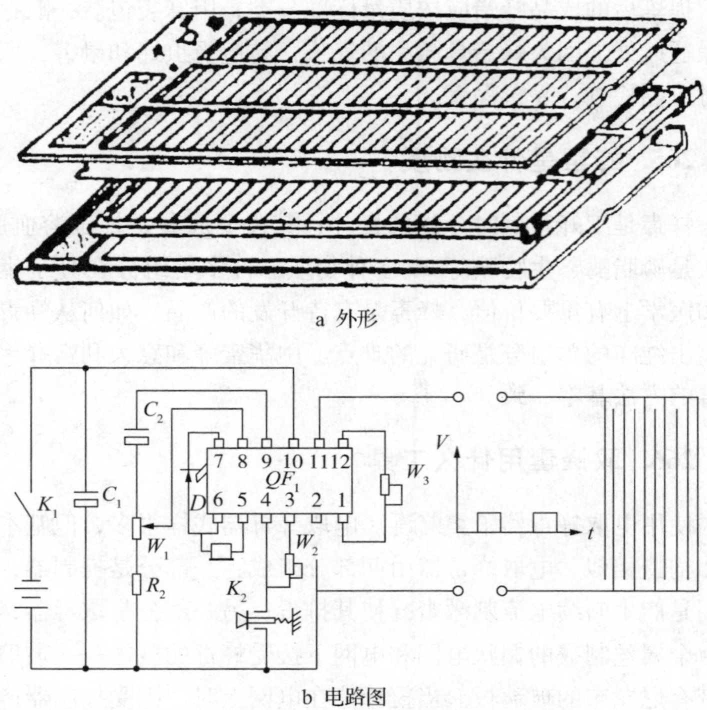

a 外形

b 电路图

图 5–20　QF-1 型蜜蜂电子自动取毒器

中。但长时间使用平板式电取毒器会使取毒群的工蜂变得容易被激怒，常主动攻击靠近蜂群的人员。

（2）封闭式蜜蜂毒采集器

由北京四海农村技术开发研究所研发的封闭式蜜蜂毒采集器结构如下：将玻璃载体和栅状电网和若干个板块组合成一个封闭体，常做成与蜂箱形状、大小是一致的，上面是可起开的盖，盖中有一圆孔，制成封闭式取毒器。使用时将工蜂输入采毒器进行采毒，采毒结束后，打开上盖倒出工蜂。控制器在箱外便于操作（图 5–21）。笔者发现使用封闭式蜜蜂毒采集器取毒效果很好。

图 5-21 封闭式蜜蜂毒采集器（CN 85203663. U）（作者摄）

取毒时先将工蜂从蜂群中提出，抖入储蜂笼中，工蜂在储蜂笼中停放几小时，以消耗蜜囊中的花蜜和把腹内的粪便排完，这个过程称为净化。净化后的工蜂，排毒时吐蜜少，其他杂物少，质量好。工蜂排完毒后，倒在离蜂场 100 米以外的草地上，待工蜂自然飞回原群。由于远离原群取毒，对原群影响很小。封闭式蜜蜂毒采集器与平板采毒器相比，具有以下优点。

①现有的单元板是开放式的，有少数工蜂被电击后，发出报警信息，引来更多的工蜂报复性攻击，对附近的任何东西都可能蜇刺，非常不安全。采用封闭式采毒器，就可每次投入定量的蜜蜂，在封闭的采毒器内采毒，蜜蜂只能蜇刺采毒器，不能伤害其他东西。

②利用单元板采毒，在蜂群被激怒之后，整个蜂箱，甚至整个蜂场的蜂都处于紧张状态，影响蜂群的正常工作，而采用封闭式采毒器，则可以将需采毒的蜜蜂，在与蜂群隔离的情况下，集中快速采毒。

③每一花期结束，需长途转运到下一个采毒点时，为了整个蜂群安全，总需放弃至少 1/3 的外勤蜂，这不仅是养蜂人的损

失，也给车站、沿途造成危害，如在运转前利用封闭式采毒器，对准备放弃的蜂集中采毒，然后增加电压杀死，这就免去了这一危害又能得益。这种方法，同样适用于那些游离蜂和越冬前准备放弃的蜜蜂，以及其他场所无用的蜜蜂，这是单元板所无法做到的。

④蜂箱一般都是放置在室外，蜂毒又易溶于水，在空气湿度较大时，特别是阴雨天，单元板不能适用，而封闭式采毒器可在室内工作，不受天气影响。

267. 采毒前有哪些准备工作?

采毒操作在室内进行（室外抖蜂，室内采毒），要求室内环境干燥、清洁、无风。

（1）采集器的准备

采毒前，要对采集器进行一次全面的检查，检查内容如下。

①铜线是否松弛，有无短路和轻度氧化现象，铜导线如有轻度氧化现象，轻轻打磨即可。

②电源开关和插头是否接触正常。

③蜂毒承接板是否插入方便，板面是否干净，采集器框架是否松动。

④如使用直流电采毒，要注意电池的装入顺序和电极板是否生锈，以免影响通电。

⑤备好单面刮刀片和棕色蜂毒贮存瓶。

⑥检查后，如无以上现象，采集器即可用于采毒，如有质量问题，要切实排除故障。

故障的排除方法比较简单，根据情况可自行修理。

（2）采毒时间的确定

采毒时间的确定要考虑到蜜蜂的生理特性和蜂毒生产的特殊性。采毒时间对蜂毒产量和质量影响较大，所以，采毒生产中要

科学地掌握时间。

①采毒应选晴天，温、湿度适宜，如果遇到阴雨天气，最好停止采毒。

②在气温较高的夏季，采毒时间要选清晨和傍晚；在气温适宜的春秋季节，选在上午和下午。

（3）采毒频率

①每台采集器每天可以连续采毒 20 多次，每天可采得蜂毒原毒 2.0 克以上。

②每台采集器每天采集 14 000～16 000 只蜂（7～8 框），即可采蜂毒 1.0 克。

③每群蜂（按 3 万～5 万只计算）如抓好每一个采毒时期全年可采得蜂毒 3.0 克（有时可超过 3.0 克）。

268. 如何操作封闭式蜂毒采集器取毒？

使用封闭式采毒器取毒的操作方法如下。

（1）净化工蜂

①储蜂笼净化法：是一种常用的采毒蜂净化方法，适用于无蜜源期和辅助蜜源期对壮老年工蜂进行取毒。储蜂笼不但起到储蜂净化作用，而且可以用其控制采毒蜂数量，一般一储蜂笼可储蜂 2000 只，这个数量也正好是采集器一次采毒的最佳投蜂量。

储蜂笼净化法所用工具：储蜂笼若干个（视生产量定），倒蜂漏斗一个。

操作步骤：先将蜂箱纱盖、边脾、巢门前、隔板处的壮老年工蜂收入塑料倒蜂漏斗，一次收蜂量为 2000 只（1 框）。然后，将收好的蜂迅速抖入储蜂笼内，扎好进蜂口，使其大口朝上悬挂于黑暗的光线下进行净化。在北方，早春、晚秋时，由于气温低，要做到对蜜蜂的保温，放在室内净化；在夏季，气温高，湿度大，为了避免消耗蜜蜂体力，便于采毒，要将储蜂笼放在室外凉爽的环境下进行净化。要注意，在室外净化采毒蜂时，避免强光照射，雨露打湿。净化时，每只储蜂笼内的蜜蜂一定要控制好数量，使储蜂笼内有足够的空间，以免通风不良，造成高温而使蜜蜂死亡。

净化时间视不同情况而定，在有外界蜜源的季节采毒，一般在采毒的头一天晚上将采毒蜂收入储蜂笼进行净化，到第2天清晨进行取毒，净化时间大约10小时，长时间对采毒蜂进行净化，要求净化环境一定要黑暗。在外界没有蜜源的情况下采毒，采毒蜂容易净化，一般在蜜蜂出勤前将其收入储蜂笼，3～4小时后即可进行取毒。

储蜂笼用尼龙纱网缝制，但由于易被蜜蜂咬破，使用不方便，可以改用铁纱网。储蜂笼上部（2/3）用铁纱网，下部(1/3)用塑料膜，这样便于多次反复抖蜂。净化抖蜂过程一定要迅速，尽量避免对蜜蜂身体的伤害。

②蜂箱蜂脾净化法：蜂箱蜂脾净化法是实践工作中总结出的一种新式采毒蜂净化方法。新方法简便易行，杜绝了多次抖蜂，可以一次净化大批采毒蜂，便于流水生产；在箱内净化保证了蜜蜂采毒对温度的要求，采毒时不易扎堆、结团，而且使用设备简单。用此方法采取的蜜蜂蜂毒不论是产量还是质量都与储蜂笼净化法一致。目前，蜂箱蜂脾蜜蜂净化法已在一些开发基地使用，在批量生产考验中，技术稳定，表现正常。

蜂箱蜂脾净化法使用工具：干净的空蜂箱1只，干净无蜜的蜂脾若干框（视生产量定），抖蜂漏斗1个。

（2）通电排毒

首先将电源开关调到零位，接通使用电源，然后将储蜂笼（或蜂脾内）净化好的采毒蜂在室外一次性倒入采集器内，盖好投蜂口，待蜜蜂在采集器内充分爬网散开后，开动电源开关使采集器内电网通电。根据情况将电压由低档可逐渐调高，通过上盖

和四周观察网内蜜蜂刺激排毒情况。通电时间根据工蜂爬网情况灵活掌握，做到电网上蜜蜂分布均匀时通电，电网上蜜蜂蜇刺落下后停止。一般通电10～15秒，停电4～5秒，如此循环往复，10～15分钟即可。最后切断电源，开启上盖，轻轻抽出各面电网下的蜂毒承接板，把采毒器内的工蜂倒在附近草地上，让蜜蜂飞回原箱蜂。采毒时，电源电压使用要适当，实际生产中在输入网箱电压正常的情况下，一般使用“1”“2”两个挡位，为了提高采集器的工作效率，生产用两套玻璃承接板，连续进行流水作业。

有时，由于采毒温度偏低或采毒蜂净化时间长，采毒蜂倒入采集器内会出现蜜蜂在电底板聚堆，不散开的问题，严重影响了采毒。遇到这种情况，可以利用转动采集器的办法，促使采毒蜂向电网四周散开爬网，以便使取毒工作顺利进行。转动方式有平行转动和翻转两种形式，转动采毒是防止蜜蜂采毒时聚堆的有效办法，并可以将采毒时间从15分钟缩短到10分钟。在进行转动采毒时，要注意封好进蜂口，保护好玻璃承接板及电网箱的电源插头，以免损坏。

（3）加过滤网采毒

加过滤网采毒适用于全国各地，尤其适合长江以南地区在高温高湿季节生产蜂毒。

①滤网的准备和固定：滤网要选用超薄尼龙布，尼龙布无统一规格，各地产品也会有差异，合格的过滤网要求工蜂螫针可通过尼龙布将毒液排在蜂毒承接板上，蜂蜜、工蜂排泄物、花粉、灰尘等杂质留在尼龙布的表面。生产者可根据当地的实际情况灵活选用。过滤网一定选用尼龙、化纤材料，不能选用吸水性强的纯棉或涤纶制品，将选好的尼龙布按玻璃承接板的尺寸大小裁开，并固定在承接板的表面，固定方法可采用直接覆盖和悬起覆盖两种形式，后一种形式由于过滤网与承接板间有小空隙，可避

免毒液渗透到滤网上，减少了蜂毒的损失。

②采毒：首先将覆盖滤网的蜂毒承接板插入电网箱，滤网介于承接板和铜导线之间，电源盒开关调到零位。然后，把待采毒的壮老年工蜂用抖蜂漏斗收集起来，投入电网箱（每次投蜂量为1框蜂)。最后，将网箱与电源盒连通，开启电源开关对采毒蜂进行刺激。由于采毒蜂未经长时间净化，所以体质强，在采集器内爬网顺利，异常活跃，有利于采毒。蜜蜂被电刺激激怒后，毒液通过滤网蜇刺在玻璃板上，而从胃囊内分泌出的蜂蜜，以及蜜蜂身体上的其他杂质却被滤网拦住，使蜂毒与杂质有效分开，同样达到了对采毒蜂的净化目的。对采毒蜂的刺激时间和电源间断时间与常规采毒技术一致。当一次采毒完毕，开启采集器上盖，放走蜜蜂，然后再将1框采毒蜂抖入，进行第2次采毒。

过滤网采毒虽然不需要对采毒蜂进行彻底净化，但是要尽量避免当壮老年工蜂蜜囊内的存蜜饱满时对其实施采毒，如果不这样做，蜜蜂受刺激后将大量的蜂蜜吐到滤网上，并渗透到蜂毒承接板上，使毒内的杂质增加。所以，采毒时一定要选在壮老年工蜂胃囊内贮蜜量最少时进行。蜜蜂的生理习性表明，蜜源期壮老年工蜂每日出勤前和回巢后的某段时间内胃囊内的贮蜜量较低，采毒时间选在每日的清晨或傍晚最为适宜；在辅助蜜源和无蜜源期，以及两个蜜源过渡期，只要气候条件适宜，随时可以进行取毒。具体取毒时间根据蜂群饲养管理的实际情况而定。

（4）采毒注意事项

①整个采毒过程，避免在高湿、暴晒的情况下进行。

②未经净化的壮老年工蜂不能进行采毒。

③在采毒工作中，要注意保护采集器电网。

④蜂毒有较强的刺激性气味，采毒人员要戴上口罩。

269. 如何除去杂质和收毒？

不管用哪种技术采毒，对采毒蜂的净化不可能达到绝对净化。所以，采毒后的蜂毒承接板上除了有大量蜂毒外，还会有一些其他杂质。这些杂质主要是蜂蜜、蜜蜂排泄物、花粉、灰尘、硬性杂质。只有对这些杂质进行彻底清除，才能保证蜂毒的质量和产量。

（1）除杂方法

对于蜂蜜、工蜂排泄物和花粉这类大污染源，要在采毒完后立即对其清除。清除要先在小范围内用干净的柔软白纸仔细将杂质擦掉，先小范围清除后用除杂纸对蜂毒承接板全面除杂；大污染块清除后，稍停 3 ~ 5 分钟，便可以对承接板全面除杂。用除杂纸平铺在玻璃板上，用力擦，直至将灰尘及一些其他杂质擦净为止，最后留在承接板上的就是干燥的固体蜂毒了。蜂毒除杂不能使用卫生纸、布、海绵等物品。

（2）收毒

对蜂毒承接板除杂后，即可收毒。蜂毒在毒囊内是液态，采出后很快便凝固成着固力很强的固体，因此，收毒要用专用的刮毒刀与承接板成45°角用力刮下。刮毒时要认真、仔细，避免不必要的损失。合格的天然蜂毒颜色淡白，粉末状，有较强的刺激味。收取的蜂毒产品要放入棕色的玻璃瓶内，放在室温下贮存。贮存环境要干燥、黑暗，避免高湿和强光照射。在我国南方地区，由于受到高温高湿气候环境的影响，蜂毒在承接板上虽然凝固，但刮下后是相互粘连的鳞片状晶体，含水量较高。如不除去水分，蜂毒无法正常保存。因此，含水量高的蜂毒产品必须经过人工干燥后才能长期保存，人工干燥的方法有两种。

①加热干燥：将收取的蜂毒放在玻璃板上，摊平、散开，然后用40 ~ 60 W 灯泡在距玻璃板 10 厘米左右的位置上照射，使玻

璃板温度升高，促进蜂毒内的水分蒸发。注意，加热一定要均匀，而且干燥温度在 40 ~ 45 ℃，略高于空气温度。过高的干燥温度易使蜂毒内的一些单一成分挥发。

②干燥器干燥：在野外放蜂时，加热不方便，可以采用干燥器干燥的方法。将小型干燥器内放好干燥剂（变色硅胶），蜂毒散摊在小块玻璃板或大口贮存容器内置于干燥器中，盖好上盖，待 1 ~ 2 天后，即可取出经充分干燥的蜂毒，装瓶保存。

以上两种方法取到的蜂毒称粗毒。粗毒再经 G3 漏斗真空抽滤后，再结晶的蜂毒才能作为商品出售。

270. 中蜂如何生产蜂毒？

（1）使用封闭隔离式蜂毒采集器

笔者在采毒操作中发现：使用平板电取毒器在巢门前或者副盖中采集蜂毒，都会引起工蜂结集在电网上，而且影响蜂群的采集活动；用封闭隔离式蜂毒采集器，由于生产蜂毒的工蜂离开原群，放毒后再放回原群，可以避免这种现象，不会影响蜂群的采集活动。

（2）取毒蜂群的管理

取毒蜂群应是采集蜂多，群势在 4 框以上的蜂群。缺粉蜜的蜂群和正在分蜂热的蜂群不宜取毒。取毒生产宜在分蜂后期或采蜜后期进行，这时取毒对蜂群影响比较小。工蜂排毒前如果腹部蜜囊中存蜜太饱满，应在贮蜂笼中放置 5 ~ 6 小时后再放入取毒器排毒。排毒之后，停留 1 小时则可放回原群。

（3）采毒操作

①把供采毒蜂群的边脾带蜂隔开子脾 20 毫米，边脾上的工蜂用来取毒，注意不要把蜂王带过来。

②隔开 1 ~ 2 小时后，提出边脾把蜂抖入采毒器内，每次 1 群以 1500 ~ 2000 只工蜂为宜。

③把盛蜂的采毒器搬到室内，接上电源，每隔5分钟放电让工蜂排毒1次，连续3~4次即取毒完毕。

④把取完蜂毒的工蜂搬到蜂场附近释放，让工蜂飞回原群。不宜在原群的巢门前释放，因为排毒工蜂身上的警戒信息素会激怒原群工蜂。

⑤同群的工蜂，每隔10~15天取毒1次为宜。取毒过密容易刺激蜂群，甚至导致蜂群飞逃。

（4）原毒的收集

工蜂排毒之后，蜂毒在玻璃板上凝结，取出承毒的玻璃板，用刀片刮下凝结在上面的蜂毒，放入清洁的小瓶内封闭。有时工蜂会在承毒板上吐蜜或者排出黄色粪便，在刮毒时注意先清除掉以免混杂在蜂毒中。一般按每只工蜂每次排毒0.05毫克计算，20 000只工蜂一次排毒可取1克粗蜂毒。

271. 为什么要租用或购买授粉蜂群?

许多果树和农作物需要蜜蜂授粉才得到授精结果，而现在农业都是集约化种植和设施种植，这种种植方式完全脱离自然生态体系，无法按自然生态体系方式完成繁殖过程，因此需要租用或购买蜂群来完成繁殖过程。授粉蜜蜂群就成为商品，成为集约化和设施的必需条件，其价格也随供需状况而波动。购买授粉蜂群有租用和购买两种方式。租用主要用于大田作物，如油菜、西瓜、苹果、桃、李、樱桃、梨、柑橘等。购买蜂群主要用于设施农业作物授粉。

272. 中蜂能作为授粉蜂群出售吗?

气温在7 ℃以上时，中蜂就可以传花授粉，比意大利蜂低4 ℃以上。早春在低温下开花的果树、农作物，可以租用中蜂群为其授粉。王凤鹤等对中蜂温室草莓授粉试验表明，中蜂群在温室大棚中为草莓授粉效果与意蜂一致，子脾比意蜂好，在授粉期间群势不下降，授粉蜂群在大棚工作期间长于意蜂。

273. 如何租用授粉蜂群？

早春，各种果树、大田西瓜开花都需要蜜蜂授粉，各种果树专业合作社都要租用蜜蜂为果树、大田西瓜授粉。养蜂场与需要授粉方签订租用蜜蜂合同后，即可转运蜂群到目的地授粉。在授粉期间不得使用农药杀虫。

274. 如何出售授粉蜂群？

将蜂群出售给需要授粉一方，这是市场行为，价格由当时市场决定。授粉公司出售作为授粉用的蜂群，群势需 1.5 框蜂以上，必须是无病、有王、有子、有贮蜜的正常蜂群。但是王凤鹤等研究发现，采用由 2 张幼虫脾和 1 张蜜粉脾组成的无王授粉蜂群，在大棚为西瓜授粉效果也很好。

275. 油菜花期如何管理蜂群？

南方的油菜籽在 1—2 月开始开花，这时天气还较寒冷，外界的野生授粉昆虫少，主要靠蜜蜂为之授粉，所以要想办法让蜂群尽快壮大起来。可以通过奖励饲喂和保温的措施，使蜂群尽快发展成强群。这时蜂王产卵力增强，3 ~4 天能产满 1 个巢脾，产满 1 脾后及时再加优质空脾，空脾先加在靠巢门第 2 脾位置，让工蜂清理，经过 1 天后再调整到蜂巢中心位置，供蜂王产卵。将蛹脾从蜂巢中心向外侧调整，正出房的蛹脾向中心调整，待新蜂出房后供蜂王产卵。蜂群发展到满箱时进行以强补弱，使弱群也发展起来。在油菜花盛期到来前 10 天左右进行人工育王，培育一批新蜂王做分蜂和更替老蜂王。为避免粉压子圈并提高蜜蜂授粉的积极性，可在晴天上午 9—12 时进行脱粉。

南方油菜授粉结束后，北方的油菜才接着开花，一般花期在6—7月。场地要选择有明显标记的地方，以利于蜜蜂授粉。转地进场时间要在盛花期前4~5天，如前后两个需要授粉的油菜场地相差只有几天，为了赶下一场地的盛花期，就要提前退出上一场地的末花期，这样才有利于油菜籽的增产。通常油菜都比较集中，为了便于蜜蜂授粉，最好将蜂群排放在油菜地中的地边田埂上或较高的地方，以防雨天积水。

276. 西瓜授粉期如何管理蜂群?

西瓜的花期很长，从4月一直持续到9月，主要是5—7月。西瓜粉多蜜少，花粉在上午9时前容易采集，以后多飞散。西瓜花期蜂群进入场地，应选择遮阴的地方放置蜂箱，不能暴晒。此时期要抓紧治螨，发现其他的病害应及时用药治疗，防止传染。

277. 柑橘授粉期如何管理蜂群?

柑橘花经常有蝇蛆危害，果农常喷农药防治病虫害，蜜蜂常中毒死亡，所以，蜂群要等喷过药后4~6天再进场地。蜂群到场地时，应选择离树几十米以外的地方安置蜂群，不要放在果园中的树下，避免农药毒害。要经常和有关部门联系，了解喷药情况以便事前采取防范措施。盛花期遇到喷药要在当天早晨蜜蜂还未出巢前关上巢门，等喷药后当天晚上再打开巢门，这样就可以减轻中毒。若在末花期喷药，应及时转地到下一个授粉场地。

278. 北方早春开花的果树授粉期如何管理蜂群?

黄河以北的春季是梨、桃、李、苹果等果树开花的季节，这时野外授粉昆虫少，靠蜜蜂授粉是增产的重要措施。早春外界气温低，波动幅度大，最适合中蜂授粉。蜂农可出租蜜蜂去授粉，既增加收入又繁殖蜂群。在管理上应注意保温，防止盗蜂。

279. 温室授粉与大田授粉有什么区别?

温室内空间小，限制了工蜂的飞行范围，而且高温、高湿，要使蜂群适应温室内的生活环境，蜂群在饲养技术上与大田的饲养技术有很大的差异。由于温室内的空间和蜜粉源植物均有限，而且在飞行过程中容易碰到物体而受伤，甚至死亡，所以蜜蜂在进温室前最好将老蜂脱去，培养新蜂慢慢适应温室环境，并喂足饲料。为了确保进温室蜂群的授粉作用，必须选择健康、无病虫害的蜂群进温室授粉。

280. 如何诱导蜜蜂为温室内的果菜授粉?

蜜蜂的习性是自由自在地在空中飞行，它从巢门一起飞，就是几米、几十米甚至更远。当将蜜蜂搬进温室时，一打开巢门，蜜蜂拼命往外飞，撞得塑料大棚“嘭嘭”作响，大部分的蜜蜂都撞死了，在大棚的前面堆积了很多死蜂。因此，需在夜晚将蜂箱搬进温室，晚上打开巢门，巢门口用杂草松散堵塞，让工蜂慢慢咬开，这样做主要是为了使蜜蜂有一种改变了生活环境的感觉，而温室内的温度比外界高，迫使工蜂有飞出去的愿望，只开一个刚好只能让一只蜜蜂挤出去的小缝，这样凡是挤出去的蜜蜂就不会有一冲出巢门就飞到很远地方去的愿望，而是绕着蜂箱来回飞行重新认巢，熟悉新环境。

由于温室内的花朵不可能像大自然中那么多，所以有些植物花香的浓度就相应淡一些，对工蜂的吸引力小，为了能使工蜂尽快地去采温室植物的花朵，应及时喂给蜂群含有将要被授粉植物诱导剂的糖浆，工蜂一经吮吸，就陆续去“拜访”该种植物的花朵，并为其授粉。采取上述措施后，蜜蜂就会很快地为有关的作物授粉（图 5–22）。

图 5-22　蜜蜂在温室授粉（作者摄）

281. 温室蜂群如何饲养管理？

由于温室内的空间小，环境特殊，给蜂群的正常生活带来诸多不利因素，蜂群的繁殖受到一定的影响，为了饲养好温室内的蜂群，根据蜜蜂的生物学特性，必须结合温室特点来饲养管理蜂群，具体做法如下。

（1）防潮湿

蜜蜂幼虫生长发育最适宜的相对湿度为 80% 左右，而蜜蜂羽化最适宜的相对湿度为 60%～70%。正常的蜂群（2 框以上的群势）能自行调节巢内的湿度，如果放在温室内的蜂群群势过小，自行调节湿度的能力差，而温室内的相对湿度通常都在 90% 以上，蜂群在这样高湿度环境中，不仅对封盖子的羽化有一定的影响，而且群内的饲料蜜也因吸收空气中的水汽而变稀以致变质，蜜蜂吃了这种变质的饲料容易拉稀。所以在温室内应将蜂群放置在较干燥处。

（2）补充无机盐

蜜蜂幼虫的生长发育需要无机盐。放在大自然中的蜂群，这些无机盐均可在大自然中获得，而放在温室内的蜂群，蜜蜂就无法得到这些无机盐，幼虫发育将受到影响。所以要及时给蜂群补充所需要的无机盐。

（3）喂水

由于在温室内没有合适的水源，蜜蜂为了采水，只好去吮吸由水汽而凝结成的水珠，这种水珠里不仅没有需要的无机盐，而且还含有许多有毒的物质，成年工蜂吃了寿命会缩短，工蜂用这种水来饲喂幼虫，幼虫易慢性中毒，有的甚至会发育不良，不能正常羽化。所以必须在蜂群的巢门口设置喂水器，保证蜜蜂所需要的水，以防其采不清洁的水珠。

（4）补充花粉

不仅幼虫生长发育需要花粉，幼蜂羽化后也需要大量食用花粉。温室内虽有植物开花，但有时花粉还会短缺，所以一旦发现花粉缺少时，应及时给蜂群补充备用的新鲜花粉。

中英学名对照

东方蜜蜂　*Apis cerana* Fabricius，1793

西方蜜蜂　*Apis mellifera* Linnaeus，1758

小蜜蜂　*Apis florea* Fabricius，1787

黑小蜜蜂　*Apis andreniformis* Smith，1858

大蜜蜂（排蜂）　*Apis dorsata* Fabricius，1793

黑大蜜蜂（岩蜂）　*Apis laboriosa* Smith，1871

沙巴蜂　*Apis Koschevnikovi* Buttel – Reepen，1906

中华蜜蜂　*Apis cerana cerana* Fabricius

金环胡蜂（又名大胡蜂）　*Vespa mandarina* Smith

黄边胡蜂　*Vespa crabrol* Linnaeus

黑盾胡蜂　*Vespa bicolor* Fabricius

基胡蜂　*Vespa basalis* Smith

囊状幼虫病病毒　*Sacbrood virus*

参考文献

［1］冯峰．中国蜜蜂病理及防治学．北京：中国农业科技出版社，1995

［2］杨冠煌．中华蜜蜂的保护和利用．北京：科学技术文献出版社，2013

［3］周冰峰．蜜蜂饲养管理学．厦门：厦门大学出版社，2002

［4］方兵兵，叶振生．养蜂生产实用技术问答．北京：金盾出版社，2009